딸에게 주고 싶은
금자씨 레시피

딸에게 주고 싶은

금자씨 레시피

사 먹는 밥이 지겨울 때 찾아보는
엄마의 요리 수첩

엄마 장금자 · 딸 손하빈 지음

나를 사랑해야 맛이 나는 요리

1954년에 다섯 남매의 장녀로 태어난 저는 어릴 때부터 입맛이 까탈스러웠어요. 하지만 까다로운 입맛을 세심하게 챙겨주는 가정환경이 아니었고, 어머니의 음식 솜씨도 썩 뛰어나지 않았어요. 저는 간이 센 음식을 좋아하지 않았는데, 어머니는 간이 세고 맛이 강한 음식을 주로 하셔서 집밥을 좋아하지 않는 아이였습니다.

스스로 무언가를 할 수 있는 10대 때부터 제가 먹고 싶은 음식을 직접 요리해 먹기 시작했어요. 결혼을 하고부터는 잘 챙겨 먹여야 하는 자식들이 생기니, 장도 직접 담가 먹어야겠다는 생각이 들었습니다. 교외에 세컨드 하우스로 한옥을 얻어서, 주말마다 그곳에서 장을 담그고 채소를 직접 길러 수확해 먹었어요. 그 시간이 참 기억에 많이 남아 있는데, 그때부터 요리에 빠지기 시작한 것 같습니다. 갓 지은 밥에 직접 재배한 채소로 만든 반찬, 내가 담근 장으로 끓인 된장찌개로 한 끼 식사를 하고 나면, 그 어떤 화려한 음식을 먹을 때보다 더 큰 행복감을 느꼈습니다.

요리책을 쓰자는 제안을 받았을 때, 내 몫이 아니라는 생각이 들었어요. 요리하는 법을 누구에게 배운 적도 없이, 눈대중으로 만들어온 음식을 책으로 담아낸다는 것이 두려웠습니다. 재료가 좋아서 맛있는 건데, 요리 기술이 좋은 사람들이 낸다는 요리책을 '내가 어떻게 감히 낼 수 있을까.' 하는 생각이 들었거든요. 그런데 딸이 엄마의 레시피를 배우고 싶다며 도와주겠다고 했을 때, 비로소 용기가 생겼습니다.

책을 만드는 과정은 혼자서 할 수 있는 게 아니었습니다. 딸과 딸의 친구들에게 의지를 많이 했습니다. 제가 손으

로 끄적여놓은 글을 바쁜 딸이 모두 컴퓨터로 옮겨야 했고, 익숙한 집 부엌에서 요리 촬영을 할 수 있도록 루시와 우디가 양평에 여러 차례 찾아왔습니다. 추가 촬영이 난항에 빠져 막막하던 순간, 먼 길을 마다하지 않고 달려와준 용복, 강원, 글렌 세 친구 덕분에 깔깔 웃으며 촬영을 마무리할 수 있었어요. 책이 완성되고 나면 뿌듯할까 했는데, 사실 더 두렵습니다. 꼭 넣고 싶었던 요리가 빠진 것 같기도 하고, 특별할 것 없는 내용 같기도 하고, 과연 이 책을 보고 누군가 좋아해줄까 하는 생각도 듭니다.

사실 맛있는 요리는 특별한 비법이 필요 없습니다. 나를 진짜 사랑하면, 요리를 잘하게 되는 것 같거든요. 나를 사랑하면, 절대 아무거나 함부로 먹을 수 없어요. 내 몸에 들어가는 음식만큼은 내가 노력만 하면 충분히 관리하고 돌볼 수 있으니까요. 요리할 때 저는 늘 이렇게 생각합니다.

"이 음식이 내 몸에 들어갈 것이니까, 가장 소중하게 시간을 써야지."

재료를 고를 때도, 간을 맞출 때도 나를 위해 요리를 하면 재미도 있습니다. 내 입맛을 알아가는 것도 재밌고, 요리 과정에 관심을 가지면서 자연스럽게 담백하고 건강한 음식을 만들어보는 것도 재밌습니다. 나를 사랑하는 마음으로 요리를 하면, 나를 위한 요리는 저절로 됩니다.

이 책에 나오는 재료는 많지 않습니다. 우리 딸도 쉽게 해 먹을 수 있는 요리를 생각하다 보니, 조금씩 장을 봐서 자주 활용할 수 있는 재료를 골라 레시피를 정리했습니다. 남은 재료를 버리게 되어 아깝다는 마음 때문에, 집밥을 안 해 먹으면 안 되니까요. 한 가지 재료를 잘 사서, 다양한 방식으로 요리해보세요. 그 시간이 곧 나를 사랑하는 시간이 될 거예요.

"사 먹지 마라, 30분이면 된다."

엄마의 요리책은 언젠가 엄마의 요리를 더 이상 먹지 못할지도 모른다는, 나이 든 엄마가 더 이상 음식을 만들지 못하는 시기가 올 거라는 위기감에서 시작되었습니다.

입맛이 까다로운 엄마는 자신의 생일상조차 직접 고른 식재료와 직접 만든 양념으로 손수 차려야만 직성이 풀리는 집밥 애호가입니다. 맛있다고 소문난 식당을 가도, 엄마는 자신의 음식만큼 덥석덥석 먹지 못하는 예민한 사람이기 때문이죠.

엄마가 아프면 누가 엄마에게 음식을 해줄 수 있을까? 가족들은 종종 그 걱정을 하고, 엄마는 그럴수록 더 건강한 식재료를 골라 음식을 만드는 데 애씁니다. 하지만 아무리 노력해도 시간은 흐르고 엄마는 늙을 것입니다. 엄마가 빨리 늙지 않길 바라지만, 자연의 섭리를 거스를 순 없으니 우리는 준비를 합니다. 이 책은 훗날의 엄마를 위한 요리책이 되겠지요. 자신의 손으로 지은 밥을 먹지 못하는 날이 와도, 요리책에 남겨진 엄마의 레시피로 요리하는 딸의 음식만큼은 맛있게 드실 수 있지 않을까? 그 생각만으로 마음이 벌써 푸근해집니다.

그리고 이 책은, 엄마의 집밥을 그리워할 나를 위한 책이기도 합니다. 학창 시절에 저는 공부를 못해서 혼난 적은 없지만, 길거리 음식을 사 먹었다가 혼난 적은 여러 번이었습니다. 대학생이 되어 서울에서 자취를 하던 때도, 울산에 살던 엄마는 가장 빠른 고속버스 편으로 매주 집밥을 보내주셨습니다. 덕분에 저는 자취를 하면서도 엄마가 끓인 국과 건강한 나물 반찬을 먹는 사치를 누릴 수 있었죠. 그래서인지 지금도 저에게 배달 음식은 피치 못할 상황에서나 먹는 음식이고, 집밥을 먹으려고 최대한 노력하는 사람이 되었습니다.

오랜 시간 엄마의 밥을 먹으면서도, 그 특별함을 미처 깨닫지 못했습니다. 하지만 직장 생활을 하며 외식을 자주 하고, 마케터라는 직업인으로서 자신만의 철학을 가진 브랜드를 탐험하면서, 문득 엄마의 밥이 하나의 '브랜드'이자 '문화'로 보이기 시작했습니다.

엄마는 오랜 세월 동안 한결같은 마음으로 집밥을 지어 온 사람입니다. 자신의 이름을 걸고 건강한 집밥을 만드는 사람, 단 한 번도 그 철학이 흔들린 적 없는 사람이라는 사실을 깨닫고, 시험 삼아 원 테이블 팝업 레스토랑 '금자씨 부엌'을 열었습니다. 정성스러운 요리를 사람들이 문화처럼 경험하게 해주고 싶었거든요. 엄마의 이름을 걸고 연 레스토랑은 5분도 안 되어 한 달 치 예약이 마감될 만큼 인기가 좋았습니다. 특별한 요리라서가 아니라, 정성이 깃든 요리라는 것에 사람들은 특별한 맛을 느끼는 듯했습니다. 그때, 늘 자신의 요리에 큰 자부심을 가지지 못했던 엄마는 처음으로 자신감을 얻었습니다. 그리고 촌스럽다며 부끄러워했던 자신의 이름 '장금자'를 비로소 좋아하게 되었습니다.

"나 같은 비전문가가 요리책을 써도 될까?"

엄마가 자신 없다는 듯 말했을 때, 저는 확신을 가지고 말했습니다.

"요리 비법이 가득한 책은 이미 많아. 하지만 쉽게 구할 수 있는 재료로, 그 계절에 나는 재료로, 정성을 담아 요리하는 '엄마의 마음'을 담는다면, 그건 분명 금자씨만이 쓸 수 있는 요리책이 될 거야."

엄마와 나를 위한 책이라면, 굳이 이렇게 책으로 낼 이유는 없을지도 모릅니다. 사실 이.책은 바쁜 삶 속에서 집밥을 잃어버린 사람들을 위한 책이 되었으면 합니다. 금자 씨는 우리 아들, 딸처럼 바쁜 사람들을 위해 집밥을 해주고 싶어 하는 사람이니까요. 이제는 스마트폰 앱을 열고 몇 번만 터치해도 배달 음식이 도착하는 시대입니다. 전자레인지 몇 분이면 한 끼가 완성되는 지금, 집밥은 오히려 가장 먹기 어려운 음식이 되었어요. 이 요리책이 바쁘고 빠르게 돌아가는 세상 속에서, 느릿한 정성의 마음을 전하는 책이 되었으면 좋겠습니다. 특별한 요리법도, 구하기 어려운 재료도 없으니까요.

"사 먹지 마라, 30분이면 된다."

금자씨의 말이 이 책을 통해 전해지면 좋겠습니다. 금자 씨가 자신과 가족을 생각하며 밥을 짓고, 계절의 재료를 구하며, 요리에 사랑을 꾹꾹 눌러 담았던 것처럼, 여러분도 자신을 사랑하는 마음으로 집밥을 준비해보기를 바랍니다.

계량법

가정에서 편하게 계량할 수 있도록 종이컵, 밥숟가락, 티스푼을
기준으로 했습니다. 취향에 따라 가감하여 조절해주세요.

· 1작은술: 5ml(티스푼 기준 1스푼)
· 1큰술: 15ml(밥숟가락 기준 1스푼)
· 1줌(한 줌): 사람마다 손의 크기에 따라 다르지만,
주먹을 살짝 쥐었을 때 담기는 양을 말합니다.
· 1컵: 200ml의 계량컵 또는 일반 종이컵을 사용합니다.

차례

멸치 육수

한식에는 육수가 정말 중요해요. 이것저것 다양하게 넣은 육수 맛도 좋겠지만, 원재료의 맛을 살리려면 기본 육수 맛은 깔끔해야 하거든요. 그래서 저는 딱 세 가지만 넣은 멸치 육수를 가장 좋아합니다. 멸치, 마른 새우, 다시마. 이 세 가지만 넣고 끓인 육수를 미리 만들어 냉장고에 보관해두고 쓰면 좋아요. 멸치 육수는 냉장고에서 일주일 정도 보관이 가능합니다. 지금도 냉장고에 이 육수가 세 통 가득 담겨 있어 참 든든합니다. 멸치 육수만 있으면 어떤 요리도 할 수 있으니 정말 고마운 재료지요.

재료

멸치 … 100g

마른 보리새우 … 30g

다시마 … 30g

물 … 4L

만드는 법

1 멸치를 전자레인지에 40초 돌려 수분을 제거합니다.
멸치가 눅눅하거나 물기가 있으면 육수가 탁해져 맛이 없으니
수분 날리는 작업을 먼저 해주세요.

2 냄비에 멸치, 마른 보리새우, 물을 넣고 중불에서 30분 끓인 뒤 불을 끄고 다시마를 넣습니다.

3 5분 뒤 다시마를 건지고 식힌 다음 육수를 거름망에 부어 건더기를 걸러냅니다.

4 깨끗하게 소독한 병에 육수를 담아 냉장고에 보관해두고 필요할 때마다 꺼내 씁니다.
김치냉장고가 있다면 김치냉장고에 보관하는 것을 추천해요.

멸치 육수를 활용한 요리

미역국, 황탯국, 콩나물국, 시래기 된장지짐이, 된장국, 김치찌개, 된장찌개, 각종 조림 요리

만능 맛간장

간장은 한식에 없어서는 안 될 재료지요. 시중에 파는 진간장은 저장식품이다 보니 염도가 높은 편이거든요. 조금만 넣어도 요리가 짜게 느껴지기 때문에 간장을 주로 사용하는 요리는 간을 맞추기가 어려울 수 있어요. 저염식 요리를 하기 위해 만능 맛간장을 만들었습니다.

제가 만든 만능 맛간장은 진간장과 다른 재료를 활용해 염도를 낮췄어요. 만능 맛간장만 있으면 이 책에 나오는 요리의 대부분을 만들 수 있을 정도로 유용한 양념이랍니다. 우리 딸처럼 요리 초보자들이 간장을 넣은 조림 요리를 마음껏 만들 수 있으면 좋겠어요. 이것도 멸치 육수와 마찬가지로 요리할 때마다 만들지 말고, 미리 몇 병 만들어두면 다양한 요리에 활용할 수 있어서 훨씬 편하답니다.

재료

진간장 … 1L

맛술 … 500ml

다진 마늘 … 1큰술

설탕 … 2큰술

만드는 법

1 진간장, 맛술, 다진 마늘, 설탕을 넣고 설탕이 다 녹을 때까지 섞은 뒤 빈 용기에 담습니다.

2 1개월 이상 상온에서 숙성하여 사용합니다.

만능 맛간장을 활용한 요리

두부조림, 깻잎조림, 땅콩조림, 가지조림, 황태껍질볶음, 오징어 간장조림, 우엉연근조림, 꽈리고추 멸치볶음

어간장

경상도 출신들은 유독 감칠맛을 중요하게 생각해서 음식에 생선 젓갈을 넣는 경우가 많아요. 저도 마찬가지인데요. 서울에 사는 친척이나 다른 지역에 사는 지인에게 제가 담근 김치를 보낸 적이 있는데, "젓갈 맛 때문에 못 먹겠어요!"라고 하더라고요. 젓갈 넣은 음식을 처음 맛보면 맛과 향이 강하다고 생각할 수 있지만, 젓갈이 발효되면 처음 먹었을 때와는 차원이 다르게 맛있어져요. 생멸치와 소금으로 만든 젓갈을 1년 동안 발효한 뒤 멸치 건더기를 걸러내고 액젓으로 분리해서 만든 게 멸치액젓인데, 이 멸치액젓을 3년 이상 발효하면 비린내도 전혀 안 나고 해를 거듭할수록 더 맛있어집니다. 여기에 보통 국간장이라고도 하는 조선간장을 섞으면 어간장이 되지요. 어간장은 특히 나물을 무칠 때 넣으면 감칠맛이 풍부해진다는 것을 꼭 기억하세요!

재료

조선간장(국간장) … 1L
멸치액젓 … 0.2L

만드는 법

1 조선간장과 멸치액젓을 빈 용기에 넣고 섞습니다.

2 요리에 바로 사용해도 좋지만, 3개월 이상 숙성해서 사용하면 풍미가 더 올라갑니다.

어간장을 활용한 요리

각종 나물무침, 국, 찌개류

맛나기름

기름은 음식의 풍미를 살리는 중요한 재료입니다. 좋은 들기름과 참기름으로 요리하면 한식도 훨씬 맛있어져요. 참기름은 노란빛이 강한 것을, 들기름은 노란빛이 연한 것을 고르는 게 좋으며, 맑고 밝은 색의 기름은 저온 압착 방식으로 만들어 맛과 영양 면에서도 뛰어납니다. 참기름은 고소하면서 끝맛이 달고, 들기름은 고소하지만 약간 씁쓸합니다. 두 기름을 섞으면 고소함이 깊어지고 맛의 균형이 좋습니다. 최근에는 들깨와 참깨에 땅콩을 더해 기름을 만들어봤는데, 이 기름으로 요리하면 유난히 고소하다는 말을 듣습니다. 호두와 잣을 더해 '오색 맛나기름'을 만들 수도 있지만, 바쁜 일상에서는 '이색 맛나기름'이나 '삼색 맛나기름'을 만들어보길 추천합니다.

재료

들기름

참기름

땅콩기름

만드는 법

이색 맛나기름

1 들기름과 참기름을 1:1 비율로 넣어 섞습니다.

2 적당량의 이색 맛나기름을 냉장고에 넣어두고 사용하세요.

삼색 맛나기름

1 들기름, 참기름, 땅콩기름을 1:1:0.5 비율로 넣어 섞습니다. 이색 맛나기름보다 고소함이 배가됩니다.

2 적당량의 삼색 맛나기름을 냉장고에 넣어두고 사용하세요.

산패를 방지하고 향을 유지하기 위해 냉장고에 보관하는 것이 좋아요.

봄의
재료

취나물

취나물은 특유의 향긋한 향과 부드러운 식감이 참 좋습니다. 어릴 적부터 산나물을 맛있게 먹었던 기억이 있어 봄이 되면 신나게 취나물을 먹습니다. 저에게는 봄의 꽃과 같은 채소지요. 봄이 되면 저는 주로 경동시장에서 산나물을 사는데, 이런 재래시장에서는 봄철에 나는 취나물을 쉽게 구입할 수 있습니다. 취나물은 끓는 물에 1분 정도 데친 후 찬물에 헹궈 손으로 물기를 꽉 짜면 취나물 요리의 기본 재료가 됩니다.

추천 요리: 취나물 주먹밥, 취나물 잡채, 취나물 김밥

참나물

취나물과 더불어 인기가 많은 봄나물로 다양한 요리에 많이 쓰입니다. 산뜻하고 향긋해서 봄철에 입맛을 돋우는 무침 요리에 활용하기 좋습니다. 데쳐서 나물 반찬으로 먹거나 비빔밥에 넣어 먹기도 하고, 쌈채소로 고기와 함께 먹어도 잘 어울립니다. 샐러드처럼 요리해 생으로 먹기에도 좋습니다.

추천 요리: 나물무침, 샐러드, 참나물 된장국

돌나물

돌나물은 4월 말이 지나면 꽃이 피고 줄기와 잎이 억세져서 먹을 수가 없어요. 4월 중순까지 신나게 먹어야 하는, 비타민 C가 풍부한 재료입니다. 4월 전에 구입해서 깨끗이 씻은 뒤 물기를 제거하고 지퍼백이나 밀폐 용기에 담아 냉동실에 보관하면 여름 내내 먹을 수 있어요. 특히 사과, 매실청, 물과 섞어서 돌나물을 주스로 갈아 먹으면 좋아요. 상큼하면서 정말 건강해지는 맛이랍니다.

추천 요리: 돌나물 초고추장무침, 돌나물 사과주스, 돌나물 샐러드

여름의 재료

부추

부추는 약으로도 쓰일 만큼 영양이 풍부한 채소입니다. 봄을 지나 늦봄부터 여름에 나는 부추가 특히 맛이 좋습니다. 달걀찜에 넣으면 향이 은은하게 퍼지고, 부추전이나 부추 겉절이로 즐겨도 좋습니다. 또한 국수를 삶을 때 마지막에 넣어 살짝 데쳐서 고명으로 올리면, 선명한 빛깔과 아삭한 식감을 더할 수 있습니다.

추천 요리: 부추나물, 부추김치, 부추전

가지

보라색 빛깔의 가지는 눈 건강에 좋은 채소입니다. 큰 가지는 껍질이 두껍고 질길 수 있어, 작을수록 부드럽고 맛이 좋습니다. 작은 가지를 세로로 길게 반으로 갈라 팬에 식용유나 올리브유를 두르고, 자른 면이 팬 바닥에 닿도록 올려 살짝 구운 뒤, 참기름, 조선간장, 물, 깨소금을 섞은 양념장에 찍어 먹으면 신선하고 향긋한 맛을 느낄 수 있습니다.

추천 요리: 가지나물, 가지전, 가지무침

황매실

6월 말 전후로 노랗게 익은 황매실은 청매실보다 더 익은 상태라서 훨씬 단맛이 강하고 즙이 풍부해서 맛있습니다. 설탕과 황매실을 1:1 비율로 섞은 뒤 1개월 이상 지나면 황매실청을 먹을 수 있어요. 그 이후로도 몇 년을 저장할 수 있습니다.

재료

황매실 … 1kg

설탕 … 1kg

황매실청 만드는 법

1 황매실의 꼭지를 제거한 뒤, 흐르는 물에 손으로 문질러가며 3번 정도 씻어줍니다.

2 깨끗이 씻은 황매실은 체나 소쿠리에 담아 물기를 충분히 제거합니다.

3 유리병이나 항아리에 황매실을 담고 설탕을 넣어 골고루 섞어줍니다.

4 뚜껑을 덮어서 밀폐한 상태로 상온에서 보관하며, 3일에 한 번씩 나무국자로 설탕이 잘 녹도록 위아래로 3~5회 저어줍니다.

5 1개월이 지나면 새콤달콤한 황매실청이 완성됩니다. 1년 이상 보관하며 즐길 수 있습니다.

가을의 재료

버섯류

버섯은 질 좋은 단백질과 쫄깃한 식감을 자랑하는 훌륭한 재료입니다. 채식을 좋아하는 사람들이 사랑하는 식재료로, 가을에 수확량이 가장 많습니다. 여러 가지 버섯을 준비해 어슷어슷 썰어 올리브유에 소금을 넣어 볶다가, 밥을 넣어 볶으면 버섯밥으로 즐길 수 있습니다. 구운 김과 함께 먹으면 반찬이 없어도 든든한 한 끼가 됩니다. 또한 버섯전으로 부쳐 먹어도 고소한 별미입니다.

추천 요리: 버섯밥, 버섯전, 버섯볶음

시래기

시래기는 늦가을에 수확한 무의 잎과 줄기(무청)를 말리거나 소금에 절여 만든 저장식품입니다. 무청은 가을 햇살과 찬바람을 맞으며 자연스럽게 마르면서 섬유질이 부드러워지고 깊은 향과 맛이 살아납니다. 이렇게 만들어진 시래기는 겨울 동안 귀한 식재료가 되어, 시래기 된장국, 시래기나물, 시래기 볶음밥 등으로 즐길 수 있습니다. 삶은 시래기는 시중에서 쉽게 구매할 수 있습니다.

추천 요리: 시래기 된장국, 시래기나물, 시래기 볶음밥

배추

배추는 사계절 내내 구할 수 있는 채소이지만, 김장 시기에 맞춰 출하되는 가을배추가 맛도 좋고 영양소도 풍부합니다. 주로 10월부터 12월까지 가장 많이 수확하며 선선한 기후에서 자라서 잎이 단단하고 속이 꽉 차 있어 김장용으로 적절합니다.

추천 요리: 배추김치, 배추전, 배춧국

무

가을무는 인삼과도 바꾸지 않는다는 말이 있지요. 가을에 수확하는 무는 맛이 달고 단단하며, 영양 면에서도 뛰어납니다. 깍두기나 섞박지, 동치미 같은 김치류로 만들어 먹어도 좋고, 무나물이나 뭇국 등 익힌 무의 달짝지근하고 부드러운 맛도 일품입니다.

추천 요리: 뭇국, 무생채, 깍두기

겨울의 재료

연근

연근은 추운 계절에 주로 수확해 겨울부터 출하되는 식재료입니다. 땅속에서 자라는 뿌리채소는 영양이 풍부한 경우가 많은데, 그중에서도 연근은 쉽게 상하거나 갈변이 심해 다루기 까다로운 재료입니다. 연근은 겨울철에 아삭한 식감과 은은한 단맛이 나며, 건강식으로도 인기가 높습니다. 껍질을 벗긴 뒤 식초물에 살짝 헹궈 물기를 제거하고, 밀폐 용기에 담아 보관하면 1~2주 동안 갈변 없이 신선하게 유지할 수 있습니다.

더덕

더덕은 11월 이후에 수확하면 맛과 향이 가장 우수합니다. 더덕구이를 만들 때 겉을 살짝만 익혀 아삭하게 조리하면 그 맛이 특히 일품이지요. 겨울철 반찬거리가 마땅치 않을 때는 더덕을 도톰하게 썰어 고추장 양념에 재워 냉장고에 보관했다가 꺼내 구워 먹으면 특별한 밥반찬이 됩니다.

추천 요리: 더덕구이, 더덕무침

우엉

우엉은 늦가을부터 겨울에 걸쳐 수확하는 뿌리채소로, 추운 계절에 단단한 맛이 살아나는 식재료입니다. 땅속 깊이 자라 섬유질과 미네랄이 풍부해 건강식을 만들기에 좋은 재료입니다. 수분이 적고 조직이 단단해 비교적 오래 보관할 수 있어서 저장해두고 먹기도 좋습니다. 다만 연근처럼 껍질을 벗기면 갈변이 빨라, 요리하기 직전에 재료를 손질하는 것이 좋아요. 흙을 깨끗이 씻어 껍질째 손질하거나, 식초를 약간 넣은 물에 담가 아린 맛을 제거하면 우엉 특유의 고소함과 깊은 풍미를 살릴 수 있습니다.

추천 요리: 우엉조림, 우엉구이

080-235-9203

전통시장
에서
장보기

식재료를 구매할 수 있는 곳 중에서 전통시장을 좋아하는 데요. 특히 경동시장을 즐겨 찾습니다. 경동시장은 새벽에 문을 여는지라 일찍 일어나 일주일에 몇 번이고 가는 곳이에요. 전국 각지에서 온 생산자를 직접 만날 수 있어서 다른 어느 시장보다 재료가 신선하고, 가격도 마트나 인터넷보다 더 저렴하게 구매할 수 있습니다. 경동시장에서는 어떤 재료든 다 구할 수 있다고 자신 있게 말할 수 있을 정도로 거의 모든 식재료가 모여 있는 곳입니다.

저는 지금 양평에 살고 있어서 기차를 타고 청량리역에 내려 10분 정도 걸어 경동시장으로 갑니다. 장을 볼 때마다 이 시장을 지척에 둔 서울 사람들에게 부러운 마음이 가득 들기도 합니다. (우리 딸은 서울에 사는데도 경동시장에는 코빼기도 보이지 않지만요.)

제가 주로 사는 건 직접 재배하기 힘든 기본 재료들입니다. 상추, 파, 가지, 고추, 부추, 깻잎, 양배추, 호박, 박나물, 당근, 토마토, 돌나물은 양평 집에서 직접 재배해서 먹으니 살 일이 거의 없지만, 멸치 육수를 만드는 데 필요한 멸치와 보리새우, 매일 먹는 황태껍질은 경동시장에서 삽니다. 그뿐만 아니라 자주 먹는 황태채, 기름의 재료가 되는 땅콩과 참깨, 가끔 죽으로 만들어 먹는 팥과 콩 등 직접 농사지어서 먹기 힘든 재료들을 산답니다.

과일과 김 종류도 단연 신선도가 좋습니다. 가격이 부담되는 자취생들은 오후 4시 이후에 가는 게 좋아요. 저녁 시간에 가면 그날 판매할 물건을 다 정리하려고 더 싸게 팔거든요. 그렇기에 경동시장에서 파는 신선식품들은 하루를 넘기는 일이 잘 없고, 그래서 재료의 신선도를 계속 유지하는 게 아닐까요?

맛있는 음식은 좋은 재료가 맛을 내기도 합니다. 기교는 그다음입니다. 그래서 좋은 재료를 사는 데 들이는 시간과 노력에 인색하지 않으면 좋겠습니다.

1장

반찬 만들기 귀찮은 날,
한 그릇 별미밥

반찬 만들기 귀찮은 날,
한 그릇 별미밥

김가루 주먹밥

김 좋아하는 분들 참 많죠? 저희 가족도 김을 정말 좋아합니다. 아이들이 어렸을 때는 명절에 왜 그렇게 차가 막혔는지, 지루한 이동 시간에 차 안에서 김가루 주먹밥을 먹었던 기억이 납니다. 휴게소에서 음식을 사 먹는 게 내키지 않아서 항상 명절 대이동 때마다 주먹밥을 만들어 간단하게 끼니를 해결했지요.

김가루 주먹밥은 김밥과는 또 다르게 고소하고 담백한 맛이 일품입니다. 지금도 어릴 때처럼 입에 쏙쏙 넣어주면 잘 받아먹는 우리 딸에게 자주 해주는 간편식이랍니다.

재료

돌김 또는 김밥 김 ⋯ 10장

밥 ⋯ 2공기(400g)

　찹쌀과 쌀을 2:1 비율로 섞어 짓기

들기름 ⋯ 2큰술

참기름 ⋯ 2큰술

소금 ⋯ 2작은술

깨소금 ⋯ 1큰술

1 돌김이나 김밥 김 10장에 들기름을 넓게 펴 바른 뒤 중불로 달군 팬에 올려 바싹 굽습니다.

2 구운 김을 잘게 부순 뒤 손으로 비벼 부숩니다.

3 볼에 밥과 부순 김가루, 깨소금, 들기름, 참기름, 소금을 넣습니다.

4 볼에 넣은 재료를 섞은 뒤 밥을 동그랗게 뭉쳐 한입 크기의 주먹밥 모양으로 만듭니다.

지금도 출출하다는 말 한마디에 엄마가 김가루 주먹밥을 뚝딱 만들어주시곤 한다. 특히 김을 직접 구웠기 때문에 시판 김자반이나 김가루로 만든 주먹밥보다 맛은 더 고소하고 식감은 더 바삭하다. 어느 날 김을 굽기 귀찮아서 마트에 파는 구운 김으로 만들어봤는데 맛이 훨씬 덜해서 그 후로는 귀찮더라도 직접 김을 구워서 김가루 주먹밥을 만든다. 김은 부드러운 것을 사용해도 좋고, 두께가 두꺼운 돌김을 사용하면 식감이 더 바삭해진다.

김가루 주먹밥

취나물 주먹밥

취나물 주먹밥은 봄에 입맛이 없을 때 자주 만들어 먹는 우리집 별식입니다. 딸이 어렸을 때부터 쌉싸름한 나물 종류를 곧잘 먹어서 취나물을 활용한 주먹밥이 탄생했지요. 취나물은 3월이 되면 따뜻한 남쪽에서부터 자라기 시작하는데, 3~5월에 나는 취나물이 가장 향이 강합니다. 봄이 찾아오면 취나물을 사서 간단하고 맛있게 주먹밥을 만들어보세요.

재료

취나물 … 1줌(150g)

밥 … 2공기(400g)

  찹쌀과 쌀을 2:1 비율로 섞어 짓기

들기름 … 1큰술

참기름 … 1큰술

소금 … 1작은술

깨소금 … 1큰술

1 취나물은 끓는 물에 2분 정도 데친 뒤 건져 찬물에 빠르게 헹구고 손으로 꼭 짜서 물기를 제거합니다.

2 데친 취나물은 1cm 길이로 썰어 볼에 넣고 들기름과 소금을 넣어 무칩니다.

3 **2**에 따뜻한 밥 2공기와 참기름을 넣고 취나물과 밥을 잘 섞습니다.

4 깨소금을 넣고 섞은 뒤 동그랗게 뭉쳐 한입 크기의 주먹밥 모양으로 만듭니다.

**(딸)
하빈의
노트** 취나물 주먹밥은 봄에 꼭 만들어 먹는 우리집 별식이다. 취나물을 나물로 먹을 때보다 주먹밥으로 만들어 먹으면 취나물의 고소하고 쌉싸름한 맛이 배가되어 더 맛있다. 나물을 챙겨 먹기 힘든 요즘, 취나물 주먹밥 하나면 채소 게이지가 충전되는 것만 같아 건강해지는 기분이 절로 든다.

취나물 주먹밥

버섯밥

저는 버섯을 별로 좋아하지 않는 편이었습니다. 식감도 아삭하지 않고 모양도 조금 징그러워 보였거든요. 그러다 책에서 버섯이 몸에 좋다는 이야기를 접하고 억지로 먹기 시작했었는데, 이제는 버섯 없이는 못 사는 사람이 되었습니다. 버섯은 어떻게 조리하느냐에 따라 다양한 맛을 낼 수 있어요. 버섯을 볶으면 수분이 날아가면서 감칠맛이 응축되고, 구우면 고기 같은 맛이 납니다. 국이나 찌개에 넣고 끓여도 감칠맛을 더할 수 있지요.

그중에서도 버섯의 맛과 향을 충분히 느낄 수 있는 요리는 버섯밥입니다. 버섯은 마트에서도 언제나 쉽게 구할 수 있으니 버섯밥을 만들어 건강식으로 즐겨보세요.

재료

송화버섯 또는 표고버섯
 … 4개
새송이버섯 … 2개
느타리버섯 … 1줌
부추 … ½줌
밥 … 1+½공기
들기름 … 2큰술
참기름 … 2큰술
소금 … 1작은술
통깨 … 1작은술

1 송화버섯이나 표고버섯, 새송이버섯, 느타리버섯은 흐르는 물에 살짝 씻어 마른 행주나 키친타월로 물기를 닦아 준비합니다.

버섯은 물기가 많아 흐르는 물에 살짝만 씻는 것이 좋아요.

2 송화버섯(표고버섯), 새송이버섯은 0.5cm 두께로 썰고, 느타리버섯은 3cm 길이로 썹니다. 부추는 깨끗이 씻어 2cm 길이로 썰어둡니다.

3 중불로 예열한 팬에 들기름, 참기름을 두른 뒤 썰어둔 버섯과 소금을 넣고 3분 볶습니다.

4 3의 팬에 따뜻한 밥을 넣고 중불에 3분 더 볶습니다. 부추를 넣고 잘 섞은 뒤 불을 끕니다.

5 넓은 그릇에 버섯밥을 담고 통깨를 살짝 뿌려 완성합니다.

엄마는 건강한 음식을 좋아하다 보니 기름기가 많은 음식을 별로 좋아하지 않아서 어렸을 때부터 볶음밥은 잘 해주지 않았다. 어릴 땐 기름에 볶은 햄이 잔뜩 들어간 볶음밥을 도시락으로 싸온 친구가 부러웠는데, 지금은 버섯밥을 자주 먹는 나를 친구들이 부러워한다. 버섯의 향긋함과 직접 짠 엄마표 기름의 고소함이 한입 가득 들어올 때, 그 어떤 볶음밥도 부럽지 않다. 가끔 엄마가 버섯밥을 싸 먹으라고 감태를 같이 내어주는데, 그 둘을 함께 먹으면 바다와 육지의 맛을 함께 느낄 수 있어 참 행복하다. 꼭 감태에 버섯밥을 싸 먹어보길 바란다.

된장덮밥

된장은 한국을 대표하는 재료입니다. 저는 된장 없는 삶은 잘 상상이 가지 않아요. 직접 된장을 담그기 시작한 건 제가 결혼한 뒤로 어머니가 더 이상 된장을 주시지 않았기 때문이에요. 그렇다고 사 먹는 된장은 입맛에 맞지 않아서 서른 살 때부터 해마다 된장을 담그기 시작했어요. 누구에게 배운 것이 아니라 혼자 하다 보니 자주 실패를 거듭했지요. 그래도 매번 어떻게든 만들어 먹다가 예순이 되어서야 탄복할 만한 된장이 탄생했습니다.

된장덮밥은 카레처럼 오래 두고 먹어도 맛있습니다. 아이들이 언제든 이 음식을 만들어 냉장고에 넣어두고 꺼내 먹었으면 해서 만든 레시피예요. 제가 살아 있는 동안에는 아낌없이 엄마표 된장을 먹이고 싶은 마음입니다.

재료

감자 … 1개(중간 크기)

애호박 … ⅓개

두부 … ½모

쪽파 … 3대 또는

 대파 … 1대

청양고추 … 1개

밥 … 2공기(400g)

멸치 육수 … 1컵(200ml)

된장 … 1큰술

마른 새우가루 … ½큰술

들기름 … 1큰술

참기름 … 1큰술

1 청양고추는 잘게 썰고, 감자와 두부, 호박은 1cm 두께로 깍둑썰기 하고, 쪽파도 1cm 길이로 썰어둡니다.

2 잘게 썬 청양고추와 새우가루, 된장, 두부를 멸치 육수에 넣고 강불에 10분 끓입니다.

3 **2**에 감자와 애호박을 넣고 강불에 2분 끓입니다.

감자나 호박의 식감을 살리기 위해 짧게 끓이는 것이 좋습니다.

4 국물이 살짝 졸아들면 파를 넣고 불을 끕니다.

5 그릇에 밥을 담고 **4**를 올려 들기름과 참기름을 뿌리고 골고루 비벼 먹습니다.

된장에 진심인 엄마만큼이나 된장으로 만든 음식을 좋아한다. 나에게 그 어떤 음식보다 된장덮밥은 어린 시절의 추억이 깃든 음식이다. 일하러 가야 하는 엄마가 한가득 끓여놓은 된장찌개를 자주 데우다 보면 국물이 졸아드는데, 졸아든 된장찌개에 비벼 먹던 밥이 이 된장덮밥의 맛과 비슷하다. 걸쭉한 된장덮밥을 먹을 때면 엄마 없이 밥을 챙겨 먹던 초등학교 시절의 나로 되돌아간다. 엄마의 사랑과 그리움을 동시에 느끼게 하는 음식이다.

부추김밥

"부추 한 묶음은 피 한 사발과 같다."는 말이 있을 정도로 부추는 정말 몸에 좋은 채소이지요. 젊을 적 부추가 몸에 좋다는 신문 기사를 스크랩했던 기억이 아직도 남아 있습니다. 그래서 텃밭에 가장 먼저 심었던 채소가 바로 부추입니다. 저의 요리에 자주 등장하는 재료이기도 합니다.

부추김밥은 우리 아들딸한테 금방 해줄 수 있는 별미 요리를 궁리하다 만든 것이에요. 부추와 김은 영양 면에서 궁합이 좋고 맛도 잘 어울려서 같이 먹이고 싶었는데 웬만한 김밥보다 맛있더라고요. 부추를 밥만큼이나 가득 넣어 싼 부추김밥은 몇 줄이고 먹어도 질리지 않아요.

재료

김밥 김 … 5장

달걀 … 3개

부추 … 120g

단무지 … 5줄

당근 … 1개

밥 … 2+½공기(500g)

들기름 … 3큰술

참기름 … 3큰술

소금 … 2+½작은술

식용유 … 1큰술

1 깨끗이 씻은 부추에 끓는 물을 부은 뒤 집게나 젓가락으로 뒤적이며 살짝 데칩니다.

2 데친 부추를 건져내 체에 밭쳐 물기를 제거하고 2~3분 정도 식힙니다.

3 식힌 부추에 참기름 1큰술과 소금 1작은술을 넣어 조물조물 무칩니다.

4 작은 그릇에 달걀을 깨뜨려 넣고 소금 ½작은술을 넣은 뒤 노른자와 흰자를 골고루 풀어줍니다.

5 식용유를 두른 팬에 **4**의 달걀물을 얇게 펼쳐 지단을 만듭니다.

6 지단이 노릇하게 익으면 2cm 너비로 길게 썰어둡니다.

7 당근은 얇게 채 썰어 팬에 담고 들기름 1큰술과 소금 1작은술을 넣어 중불에 약 3분 간 볶아줍니다.

8 김 위에 밥 2~3큰술을 고르게 폅니다. 그 위에 단무지와 달걀지단을 1줄씩 올리고, 부추와 당근을 취향에 따라 적당량 올려줍니다. 부추와 당근을 다른 재료보다 듬뿍 넣을수록 맛있고 든든한 채소 김밥이 됩니다.

9 재료를 올린 김을 돌돌 말아 김밥을 단단하게 완성합니다.

10 남은 들기름과 참기름을 섞어 김밥 겉면에 살짝 발라 고소함을 더해줍니다.

11 김밥을 한입 크기로 적당히 썰어 완성합니다.

 내 혈색이 안 좋아 보이면 엄마는 비장한 어투로 말한다. "부추김밥 5분 만에 된다. 기다려봐." 엄마 말처럼 진짜 5분 만에 완성되진 않지만, 15분이면 김밥 몇 줄을 뚝딱 싸주는 엄마가 늘 신기했다. 최근에 너무 피곤한 채로 집에 돌아왔는데 엄마가 잠시 들러 만들어놓은 부추김밥을 보니 울컥했다. 미어지는 마음을 붙잡고 앉은자리에서 세 줄이나 꿀꺽했다. 어디에서도 사 먹을 수 없는 부추김밥은 나에게 엄마의 마음을 가장 잘 전해주는 음식이다.

금자씨 레시피

콩나물밥

콩나물은 저희 부부에게 사연이 있는 재료입니다. 저는 수학여행 때 숙소에서 먹었던 콩나물무침이 너무 맛있어서 그 후로도 즐겨 먹었고요. 반대로 남편은 군대에서 콩나물무침을 너무 많이 먹어서 제대한 뒤엔 쳐다도 보지 않았다고 하네요. 결혼 후 남편이 콩나물을 잘 먹지 않아서 자연스럽게 멀어졌어요.

그런데 지금은 냉장고에서 절대 떨어지지 않는 재료 중 하나가 되었습니다. 콩나물무침 말고도 콩나물을 활용할 수 있는 요리가 참 많거든요. 게다가 콩나물은 머리부터 뿌리까지 영양가가 무척 많은데 가격도 얼마나 저렴한지요. 콩나물 마니아가 될 수밖에 없습니다. 특별한 요리를 해 먹을 시간이 없을 때는 콩나물 한 봉지를 사서 콩나물밥도 해 먹고, 콩나물무침, 콩나물국 등 다양하게 만들어보세요.

재료

콩나물 … 200g

부추 … ½줌(20g)

표고버섯 … 2개

밥 … 1공기(200g)

멸치 육수 … 3큰술

들기름 … 2큰술

소금 … 1작은술

양념장 재료

조선간장 또는 국간장
　… 2큰술

멸치 육수 … 1큰술

고춧가루 … ½큰술

들기름 … 1큰술

참기름 … 1큰술

깨소금 … ½큰술

1 표고버섯은 채 썰고, 부추는 3cm 길이로 썰어둡니다. 콩나물은 씻은 뒤 체에 밭쳐 물기를 제거합니다.

2 팬에 채 썰어둔 표고버섯을 넣고 들기름, 참기름, 소금을 뿌려 중불에 살짝 볶습니다.

3 냄비에 **2**의 표고버섯과 콩나물을 넣고 멸치 육수를 넣습니다.

4 밥 1공기를 콩나물 위에 펼쳐 올리고 냄비 뚜껑을 덮은 뒤 강불에 5분간 둡니다.

5 뚜껑을 열고 부추를 넣어 골고루 섞은 뒤 그릇에 담아 완성합니다. 취향에 따라 양념장을 얹어 비벼 먹습니다.

양념장이 없으면 밑반찬과 함께 먹거나 구운 김에 싸서 먹으면 맛있습니다.

엄마를 닮았는지 나는 어릴 때부터 콩나물을 너무 좋아했는데, 아빠가 "콩나물집에 시집가라."라고 장난을 치셔서 화를 냈던 기억이 난다. 어린 입맛에도 콩나물밥에 된장찌개 국물을 넣어 비벼 먹는 게 참 맛있었다. 지금은 그때만큼 콩나물을 좋아하진 않지만, 식당에 '콩나물밥' 메뉴가 있으면 꼭 시켜 먹곤 한다. 추억이 깃든 음식이라 그런가 보다. 지금은 된장 대신 간장 양념장에 비벼 먹는데 담백하게 한 끼 뚝딱한 기분이 든다. 엄마 말대로 편의점에서도 살 수 있을 만큼 콩나물은 구하기 쉬운 재료이니 자주 사서 콩나물밥을 해 먹어야겠다고 결심한다.

콩나물밥

금자씨 레시피

시래기 간장 볶음밥

장마철이나 한겨울에는 채소가 귀해지는데요. 말린 시래기는 보관하기 쉬워 채소가 귀한 계절에 먹으면 좋습니다. 어렸을 적 겨울에 먹을 것이 없어 어머니가 자주 해주시던 음식이 바로 시래기 간장 볶음밥이었습니다. 그때 시래기를 너무 많이 먹어서 그만 먹고 싶다고 투정을 부렸는데, 나이가 드니 그때 먹었던 시래기가 어느새 그리움이 되었네요. 삶은 시래기 한 봉지 사서 김치볶음밥 해 먹듯이 밥을 볶아서 먹으면 어떨까요? 시래기는 특히 볶아 먹으면 식감도 좋고, 별미가 되니까요.

재료

삶은 시래기 … 1줌(120g)

들기름 … 2큰술

참기름 … 2큰술

조선간장 … 1큰술

다진 마늘 … 1큰술

통깨 … 1큰술

대파 … 1대

  또는 쪽파 …3대

밥 … 1공기(200g)

1 삶은 시래기를 1cm 길이로 썰어둡니다.

2 대파를 송송 썰어둡니다.

3 중불로 예열한 팬에 들기름, 참기름, 조선간장, 다진 마늘, 썰어둔 대파와 시래기를 넣고 약 2분간 골고루 볶습니다.

4 볶은 시래기에 밥 1공기를 넣고 중불에 3분 더 볶은 뒤, 통깨를 뿌려 마무리합니다.

우리 가족이 좋아하는 식재료 중 하나가 바로 시래기다. 그동안 먹은 양으로 따지면 누구에게도 뒤지지 않을 자신이 있을 만큼 많이 먹었다. 엄마의 시래기 요리는 종류도 다양하다. 시래기는 국으로 먹어도 볶음으로 먹어도 맛있고, 된장과도 참 잘 어울리는 재료다. 엄마가 김치볶음밥을 좋아하는 나를 생각하며 시래기 볶음밥을 처음 해주셨을 때, 그 맛을 잊지 못한다. 자극적이지 않으면서 식감도 좋아 가장 좋아하는 한 그릇 음식 중 하나이다.

시래기 간장 볶음밥

호박잎과 깻잎 강된장 쌈밥

결혼 후 첫 아이를 낳고 맞이한 여름날, 입맛이 없어 힘든 시기를 보냈던 기억이 납니다. 그때 데친 호박잎과 깻잎에 밥을 싸서 한입 먹었는데, 그 고소하고 담백한 맛에 입맛이 돌아 눈물이 날 만큼 감동적이었죠. 청양고추를 넉넉히 넣은 짭조름한 강된장은 별미 중의 별미입니다. 더운 여름엔 입맛을 잃기 쉽지만, 이 강된장을 넣어 쌈을 싸 먹으면, 어느새 입맛이 돌아오고 몸도 마음도 기운이 납니다.

재료

호박잎 … 1줌

깻잎 … 1줌

밥 … 2공기(400g)

강된장 재료

멸치 육수 … 1컵(200ml)

청양고추 … 1~2개

두부 … ½모

된장 … 1+½큰술

1 냄비에 물 1L를 넣고 강불로 끓으면 호박잎을 넣어 약 2분간 삶습니다.

2 삶은 호박잎은 찬물에 헹군 뒤 물기를 제거하고, 깻잎은 끓는 물에 3~4분간 데친 후 찬물에 헹구고 물기를 제거합니다.

깻잎은 너무 짧게 삶으면 변색될 수 있으니 주의하세요.

3 청양고추는 잘게 다지고, 두부는 깍둑썰기 합니다.

4 냄비에 멸치 육수 1컵을 붓고 청양고추, 된장, 두부를 넣습니다. 강불에 10분 정도 끓여 국물이 졸아들면, 두부를 넣어 중불에 5분 더 졸입니다.

5 호박잎 또는 깻잎을 손바닥에 펼친 뒤, 한입 크기로 밥을 떠서 올립니다.

6 밥 위에 졸인 강된장을 1작은술 얹고 잎으로 감싸 쌈밥을 완성합니다.

호박잎은 매미 소리가 울려 퍼지는 여름을 떠올리게 한다. 입맛이 없는 여름날, 엄마는 호박잎과 깻잎을 숙숙 삶아 짭짤한 강된장을 넣어 쌈밥을 만들어주시곤 했다. 한입 크기로 쌈을 싸서 입에 쏙 넣어주던 엄마의 손이 기억난다. 지난 여름에 친구들과 떠난 단양 여행에서도 그 맛이 생각나 직접 쌈밥을 만들어보았다. 비록 엄마의 손맛과는 다르지만, 역시나 맛있는 여름의 맛이었다.

호박잎과 깻잎 강된장 쌈밥

밥 말아 먹어도 곁들여 먹어도
든든한 국물 요리

닭가슴살 미역국

우리 가족은 따로 고기를 자주 먹지 않아서 미역국을 끓일 때는 소고기를 꼭 넣곤 했는데, 딸이 담낭 절제술을 하고 나서는 기름기 없는 닭가슴살을 미역국에 넣기 시작했어요. 훨씬 담백하고 맛있더라고요. 미역국은 아기를 낳은 산모의 회복을 돕는 대표적인 음식으로 알려져 있을 정도로 건강에 좋은 음식이지요. 남편도 저도 미역국만 있으면 밥 몇 공기를 먹을 만큼 미역국을 좋아합니다. 또 쉽고 간단하게 챙겨 먹을 수 있는 보양식이기도 하고요.

재료

미역 … 20g

닭가슴살 … 1덩어리(120g)

물 … 400ml

멸치 육수 … 800ml

들기름 … 1큰술

참기름 … 1큰술

조선간장 … ½큰술

어간장 … 1큰술

소금 … ½작은술

1 미역을 상온의 물에 담가 3분 정도 불린 뒤 여러 번 헹궈 줍니다. 손으로 꼭 짜서 물기를 제거하고 먹기 좋은 크기로 썰어둡니다.

미역을 너무 오래 불리면 식감이 떨어집니다. 너무 퍼지지 않고 꼬들한 상태일 때 헹구는 게 좋아요.

2 닭가슴살은 전자레인지에 2분 데운 뒤 먹기 좋게 찢어둡니다.

3 냄비에 미역과 닭가슴살을 넣고 들기름과 참기름을 두른 뒤 재료에 기름을 입히듯 섞으며 중불에 2분 볶습니다.

4 **3**의 냄비에 멸치 육수와 물을 붓고 조선간장, 어간장을 넣어 강불에 5분 끓입니다. 중불로 줄여 3분 더 끓인 뒤, 소금으로 간을 맞춥니다.

어릴 때부터 먹던 엄마의 미역국은 바로 먹는 것보다 시간이 지날수록 더 맛있어졌다. 국물이 뽀얘지면서 맛이 깊어졌기 때문. 서울에서 자취하고 맞은 첫 겨울, 날이 많이 추워지니 외로움이 커져 엄마 미역국이 제일 생각났다. 미역국 가게를 찾아가봤지만 엄마가 만든 그 뽀얀 미역국의 맛이 아니었다. 엄마의 미역국은 오래 끓이지 않아도 사골국처럼 깊고 진한 맛이 나는 게 늘 신기하다. 지금도 냉장고에 닭가슴살 미역국이 있으면 몸과 마음을 회복할 수 있는 묘약을 지닌 기분이 든다.

닭가슴살 미역국

황탯국

저희 집엔 늘 황태가 있었습니다. 술을 즐겨 마시던 남편을 위해 해장용으로 황탯국을 자주 만들어줬거든요. 지금은 요리하기 좋게 잘게 찢어놓은 황태채를 쉽게 구할 수 있지만 제가 젊었을 때만 해도 일일이 손으로 다듬어야 해서 손이 많이 가는 재료였어요. 술로 너덜너덜해진 간을 회복시켜줄 만큼 황태는 고단백 저지방 재료입니다.

예전엔 남편을 위해 만들었다면 지금은 우리 아들딸을 위해 끓이는 국이 되었습니다. 황탯국에 밥을 말아 먹는 모습을 보면 저절로 배가 부르답니다.

재료

황태채 … 30g

쪽파 … 4~5대

　또는 대파 … 1대

달걀 … 1개

물 … 300ml

멸치 육수 … 400ml

들기름 … 1+½큰술

참기름 … 1+½큰술

소금 … 2작은술

1 황태채는 물에 잠깐 담갔다가 씻은 뒤 물기를 꼭 짜내고 2cm 길이로 썰어둡니다.

2 쪽파는 3cm 길이로 썰어둡니다. 달걀은 볼에 잘 풀어 달걀물을 만들어둡니다.

3 냄비를 중불에 예열한 뒤 들기름, 참기름을 두르고 황태채를 중불에 골고루 3분 볶습니다.

4 3의 냄비에 물과 멸치 육수를 붓고 소금으로 간한 뒤 강불에 5분 끓입니다.

5 달걀물을 둥글게 살살 두르고 쪽파를 넣어 강불에 2분 더 끓인 후, 소금으로 간을 맞춥니다.

해장국으로 콩나물을 추가해 끓일 경우, 쪽파를 넣은 다음에 넣으면 됩니다.

 나이가 들수록 더 맛있어지는 음식 중 최고봉은 황탯국이
다. 심지어 엄마가 결혼하고부터 끓여온 국이니까, 그 세월
이 40년이니 맛이 없을 수가 없다. 술을 좋아하셔서서 거나
하게 취한 상태로 귀가할 때가 많았던 아빠를 위해 가장
많이 끓인 국이 아닐까 싶다. 엄마의 황탯국은 어디에서도
맛보기 힘든 고소함이 있다. 그 이유는 황태채를 고소한 참
기름과 들기름에 노릇하게 볶아서 그런 것 같다. 그래서인
지 식당에서 사 먹는 황탯국의 황태는 흐물흐물한데, 엄마
의 황탯국은 황태가 쫄깃쫄깃해서 정말 맛있다. 오랜 세월
동안 수없이 만들어온 요리에는 그 역사가 있어 깊이가 더
느껴지는 법이다.

호박잎 된장국

여름이면 가장 먼저 생각나는 재료, 우리 가족의 밥상에 자주 올라오는 것이 호박잎입니다. 호박잎 된장국은 구수한 된장 맛에 호박잎의 부드럽고 향긋한 풍미가 더해져 여름철 별미이지요. 된장국은 그 자체로도 맛있지만, 제철 재료를 더했을 때 비로소 계절의 맛을 온전히 즐길 수 있습니다. 호박잎으로 요리하는 것이 어렵고 번거롭다고 느끼는 요리 초보자들도 걱정할 필요 없습니다. 호박잎과 된장만 있으면 누구나 간단하게, 그리고 가장 맛있게 즐길 수 있는 여름철 된장국 레시피랍니다.

재료

호박잎 … 30g(1줌)

감자 … 1개

청양고추 … 1개

대파 … 1대

다진 마늘 … ½큰술

멸치 육수 … 600ml

된장 … ½큰술

고춧가루 … 1큰술

1 호박잎은 깨끗이 씻은 뒤 먹기 좋은 크기로 찢어놓습니다.

2 청양고추와 대파는 잘게 썰고, 감자는 0.5cm 두께로 얇게 썰어둡니다.

3 감자, 청양고추, 대파, 다진 마늘, 고춧가루, 된장을 그릇에 넣고 잘 섞어 준비합니다.

4 냄비에 멸치 육수를 넣어 끓이고, 양념에 섞어둔 **3**의 재료와 함께 강불에 약 3분간 끓입니다.

5 호박잎을 넣고 강불에 2분 더 끓여 마무리합니다.

어릴 때 자주 먹던 호박잎은 스무 살 이후 서울에서 자취하기 시작하면서 찾아 먹기 어려워졌다. 그래서 본가에 가는 날이면 호박잎을 먹는다는 기대감이 있었다. "호박은 흔한데 왜 호박잎은 흔하지 않을까?" 엄마에게 이렇게 물어본 적이 있는데, 호박잎은 옛날에 먹을 것이 없던 시절에 자주 먹던 음식이라 요즘 사람들은 잘 먹지 않아서 쉽게 볼 수 없는 것 같다고 하셨다. 그래도 나에게 그 어떤 반찬보다 맛있는 건 호박잎과 된장 조합이다. 시간이 많은 날에는 호박잎을 삶아 강된장을 넣어 쌈 싸 먹고, 시간이 없을 땐 엄마가 알려준 호박잎 된장국을 휘리릭 끓여 먹어야지.

호박잎 된장국

뭇국

뭇국은 가을이 되면 저희 어머니가 매번 해주시던 음식입
니다. 그땐 미처 맛있는지 몰랐는데 가을이 찾아오면 이 음
식이 떠올라서 만들어 먹기 시작했어요. 가을무는 인삼과
도 바꾸지 않는다는 말이 있을 만큼 영양가도 참 훌륭한 뿌
리채소입니다. 언제 먹어도 좋지만 가을엔 꼭 뭇국을 만들
어보세요. 달짝지근하고 부드러운 무의 맛이 일품입니다.
마지막에 들깻가루나 생콩가루를 추가하면 더 고급스러운
맛을 낸답니다.

재료

무 ⋯ ½개
　(지름 5cm, 두께 6cm)
물 ⋯ 700ml
들기름 ⋯ 1큰술
참기름 ⋯ 1큰술
들깻가루 또는
　생콩가루 ⋯ 1큰술
소금 ⋯ 2작은술

1 무를 얇게 채 썬 뒤, 소금 1작은술을 넣어 고루 섞고 2분간 그대로 둡니다.

2 중불로 예열한 냄비에 **1**의 채 썬 무, 들기름, 참기름을 넣고 무에 기름을 입히듯 굴리며 강불에 2분 볶습니다.

3 **2**의 냄비에 물, 소금, 들깻가루나 생콩가루를 넣은 뒤 강불에 5분 끓입니다.

들깻가루와 생콩가루 둘 중 하나만 넣는 게 좋아요.

어릴 때는 무슨 맛인지 모르고 먹었던 뭇국이 나이가 드니 정말 맛있다. 엄마가 왜 그렇게 뭇국을 좋아했는지 어른이 되어서야 깨달았다. 자극적인 맛은 없지만 무가 입안에서 부드럽게 부서지니 마치 죽을 먹은 것처럼 속이 편안하다. 특히 참기름, 들기름과 어우러진 뭇국의 국물은 다음 날 또 생각날 만큼 고소하고 시원하다. 뭇국은 엄마가 라면만큼 쉽게 끓일 수 있다고 말하는 요리 중 하나다. 언젠가 내가 엄마에게 밥을 해줄 때가 되면 제일 먼저 따뜻한 뭇국에 밥 한 공기를 대접하고 싶다.

뭇국

감잣국

아버지가 철도원이셨기 때문에 저는 어릴 때부터 관사에서 살았습니다. 그 당시 집집마다 밭을 가꾸는 일이 흔했는데 저희 집에는 채소를 기를 만한 밭이 따로 없었어요. 대신 관사 주변의 조그마한 땅에 감자를 길러 먹어서 감자가 제일 흔한 재료였지요. 그땐 먹을 게 별로 없으니 어머니가 저녁마다 감자와 송송 썬 파, 고춧가루를 넣은 얼큰한 감잣국을 만들어주셨어요. 지금 기억으론 어릴 때 가장 자주 먹은 음식이 아닐까 싶습니다. 감자에 있는 전분이 위를 보호하는 효과가 있으니 아침에 밥 한 그릇 말아 먹으면 좋겠지요?

재료

감자 … 1개

쪽파 … 4~5대

　또는 대파 … 1대

청양고추 … ½개

다진 마늘 … ½큰술

멸치 육수 … 600ml

고춧가루 … 1큰술

조선간장 … 1+½큰술

1 쪽파는 3cm 길이로 썰고, 감자는 가로세로 1.5cm 크기로 깍둑썰기 합니다. 청양고추는 잘게 썰어둡니다.

2 냄비에 멸치 육수를 넣고 끓으면 감자, 청양고추, 다진 마늘, 고춧가루를 넣고 강불에 5분 정도 끓입니다.

3 감자가 익으면 썰어둔 파를 넣고 1분 더 끓인 뒤, 조선간장으로 간을 맞춥니다.

**(딸)
하빈의
노트** 엄마가 해주는 감잣국은 매우 칼칼하고 개운하다. 얼큰한 것을 좋아하는 나에게는 술 먹은 다음 날 딱 좋은 해장 음식이다. 엄마는 늘 "라면 끓이는 것처럼 간단하니까 해장할 때 라면 대신 감잣국을 꼭 끓여 먹어!"라고 당부한다. 라면을 좋아하는 내가 건강을 위해 라면을 줄였으면 하는 마음일 거다. 엄마에게 감잣국이 추억의 음식이듯 나도 이제 시간이 없고 마음이 급할 때 꺼내드는 추억의 음식이 되었다.

논우렁이 된장국

어릴 적에 호미로 논바닥 구멍을 파서 논우렁이를 잡았던 기억이 납니다. 요즘에도 가을이면 그때를 떠올리며 추억의 음식으로 논우렁이 된장국을 종종 끓여 먹어요. 우렁이를 다듬는 데 손이 많이 가서 어린 딸에게 도움을 요청하곤 했는데 그럴 때마다 불만이 가득해 입이 툭 튀어나왔던 얼굴이 떠올라 웃음이 납니다. 싫어하면서도 바늘로 우렁이 살을 쏙쏙 잘 뽑았더랬죠. 손질된 우렁이 살을 사도 좋지만, 껍질째 구입해 직접 손질해보는 걸 추천합니다. 뾰족한 바늘만 있으면 손질하기도 쉽고, 훨씬 신선해서 더 맛나답니다.

재료

논우렁이 살 … 1컵

얼갈이배추 … 1줌(250g)

쪽파 … 4~5대 또는

　대파 … 1대

다진 마늘 … 1큰술

멸치 육수 … 800ml

물 … 500ml

된장 … 1큰술

조선간장 … 1큰술

소금 … 1큰술

1 얼갈이배추는 끓는 물에 5분 정도 데친 뒤 찬물에 가볍게 헹굽니다. 꼭 짜서 물기를 제거하고 3cm 길이로 자릅니다.

2 파는 3cm 길이로 썹니다.

3 냄비에 데친 **1**의 얼갈이배추를 넣고 된장과 다진 마늘을 넣어 무칩니다. 우렁이 살, 파, 멸치 육수와 물을 붓고 강불에 10분 끓인 뒤, 조선간장을 넣고 중불에서 3분 더 끓입니다.

4 마지막으로 소금으로 간을 맞추면 완성입니다.

들깻가루를 넣으면 구수한 맛을 더할 수 있습니다.

**(딸)
하빈의
노트** 어릴 때 가장 싫어했던 음식이 논우렁이 된장국이었다. 그
맛이 싫었던 것이 아니라 논우렁이 된장국을 만들기 전에
논우렁이를 까라는 엄마의 숙제가 싫었기 때문이었다. 그
시절 나만큼 우렁이를 많이 까본 십 대는 없었을 거라 자부
한다. 그땐 싫었지만 엄마 덕분에 논우렁이 된장국을 누구
보다 많이 먹고 자라 건강해진 것 같기도 하다. 논우렁이
된장국을 끓일 때 얼갈이배추가 없으면 일반 배추를 사용
해도 맛이 좋다.

논우렁이 된장국

파기름 순두부찌개

순두부는 다른 요리에 사용할 때보다 찌개로 끓였을 때 그
순수한 맛이 더 잘 느껴지는 것 같아요. 우리집 식구들은
모두 파를 좋아하는데, 파를 어떻게 활용할까 하다가 파기
름을 내어 순두부찌개를 끓였더니 모두 맛있다고 극찬했
습니다. 파기름 향이 솔솔 올라와 먹기 전부터 입맛을 당기
게 하지요. 순두부와 파는 가까운 마트에서 쉽게 찾을 수 있
는 재료이기 때문에, 마음만 먹으면 금방 해 먹을 수 있으니
일하느라 바쁜 아들딸에게도 자주 추천하는 요리입니다.

재료

순두부 … 330g(1봉지)

대파 … 1~2대

다진 마늘 … ½큰술

고춧가루 … 1큰술

참기름 … 2큰술

올리브유 … 2큰술

식용유 … 1큰술

국간장 … ½큰술

멸치 육수 … ½컵

1 대파는 잘게 송송 썰어 준비합니다.

2 팬에 참기름, 올리브유, 식용유를 두른 뒤 잘게 썬 대파, 다진 마늘, 고춧가루를 넣고 중불에서 3분간 살살 볶아 향을 냅니다.

3 2의 팬에 순두부를 모두 넣고 1분 정도 부드럽게 볶습니다.

4 볶은 순두부에 멸치 육수를 붓고 중불에 3분 끓입니다. 마지막으로 국간장으로 간을 맞춥니다.

(딸)
하빈의
노트

어릴 적엔 물컹한 식감 때문에 순두부 요리를 그다지 좋아하지 않았다. 나이가 들어 밖에서 순두부찌개를 사 먹을 때면, 엄마가 파기름을 잔뜩 내서 만들어준 얼큰한 순두부찌개가 많이 생각났다. 파를 좋아하는 내 입맛에 맞춘 순두부찌개를 만들어주는 사람은 엄마뿐이었기 때문이다. 순두부 본연의 맛이 잘 느껴지면서도 파의 풍미가 더해져, 맛도 속편함도 챙길 수 있는 요리다. 순두부를 좋아한다면, 파를 좋아한다면, 그 조화가 느껴지는 순두부찌개를 한번 만들어보길 추천한다.

파기름 순두부찌개

시래기 된장지짐이

시래기 된장지짐이는 제가 어릴 때 정말 자주 먹었던 추억의 음식입니다. 가을이 오면 무청을 가득 말리고 삶는 것이 일종의 가을맞이 행사였어요. 그렇게 생긴 시래기는 추운 겨울을 버틸 수 있는 소중한 반찬이 되어주었습니다. 나물이 나지 않는 겨울에는 가을의 볕을 머금은 시래기가 가장 영양가 있는 재료입니다. 향수가 담긴 어린 시절의 그 맛이 그리워서 우리 가족에게도 자주 해주는데요. 시래기 된장지짐이가 그렇습니다. 이제는 딸아이가 지금의 제 나이쯤 되었을 때 그리울 만한 음식이 될 수도 있겠습니다. 따뜻한 밥에 시골의 정취가 담긴 시래기 된장지짐이를 올리고 그 위에 들기름을 둘러 비벼 먹으면 세상 어디에도 없는 푸근한 맛을 느낄 수 있을 거예요.

재료

삶은 시래기 … 150g

청양고추 … 1~2개

다진 마늘 … ½큰술

멸치 육수 … 3컵

된장 … 1큰술

들기름 … 1큰술

1 삶은 시래기는 2cm 길이
로 썰어둡니다.

2 청양고추는 잘게 썰어 다
집니다.

3 냄비에 시래기, 청양고추,
된장, 다진 마늘, 들기름을
넣고 조물조물 섞은 뒤 중불
에 3분간 볶습니다.

4 **3**에 멸치 육수를 넣고 중불에 5분 정도 끓이다 국물이 자
작하게 줄어들면 마무리합니다.

 엄마가 해준 시래기 된장지짐이는 청양고추를 넣어서 그런지 그렇게 매콤하고 구수할 수가 없다. 이십 대 시절 숙취가 심한 날에는 엄마의 시래기 요리가 그리웠는데, 그럴 때마다 나도 몸을 일으켜 만들어 먹어보았다. 내가 직접 무청을 말리고 시래기를 만들어 먹는 것까지는 어려워서, 시중에 파는 삶은 시래기를 이용해서 만드니 어려울 것 하나 없었다. 언젠가 엄마의 음식을 먹지 못하게 된다면 제일 그리워질 음식이라 꼭 기억해두고 싶은 레시피다.

시래기 된장지짐이

3장

마음까지 따뜻해지는
별미 요리

닭가슴살 토마토 카레

강황가루는 몸에 정말 좋은 재료입니다. 인도에 치매 환자가 적은 이유가 인도인은 강황을 넣어 만든 커리를 주식으로 먹기 때문이라고 하는데요. 그래서 저도 예전보다 카레를 더 자주 만들어 먹고 있습니다. 시판 카레가루는 밀가루 함유량이 높아서 자주 먹지 못했는데 요즘은 쌀가루로 만든 카레가루가 나와서 마음껏 만들어 먹어요. 일반적으로 카레에 돼지고기를 많이 넣지만, 앞서 소개한 '닭가슴살 미역국'처럼 이번에도 지방이 많은 고기 대신 닭가슴살을 넣으면 담백한 맛이 참 좋습니다. 여기에 토마토를 넣어 새콤함을 더해주니 쉽게 물리지 않아요.

재료

카레가루 … 100g

익힌 닭가슴살
　… 1덩어리(180g)

토마토 … 1개(150g)

감자 … 1개

양파 … 1개

당근 … ½개

물 … 600ml

올리브유 … 1큰술

들기름 … 1큰술

1 토마토는 꼭지를 도려내고 십자 모양으로 칼집을 낸 뒤, 끓는 물에 넣어 5분간 데칩니다. 데친 토마토는 껍질을 벗겨 으깹니다.

2 익힌 닭가슴살을 손으로 적당히 찢어둡니다.

3 당근, 감자, 양파는 껍질을 벗겨 먹기 좋은 크기로 썰어 둡니다.

4 냄비에 올리브유와 들기름을 두르고 감자, 양파, 당근, 닭가슴살을 넣어 재료에 기름이 골고루 입히도록 중불에서 3분간 볶습니다.

5 카레가루를 물에 잘 개어서 토마토와 함께 냄비에 넣고 강불에 약 5분 끓입니다. 끓이는 동안 자주 저어야 바닥에 눌어붙지 않습니다.

6 중불에 3분간 더 끓인 뒤 감자가 부드럽게 익으면 불을 끄고 밥과 함께 그릇에 담아 마무리합니다.

엄마가 최근 들어 카레를 자주 만드시는 이유를 알게 되었다. 쌀가루로 만든 카레가루가 나왔기 때문이다. 엄마가 만든 카레에는 밀가루를 멀리하고 싶은 건강한 마음이 담겨 있다. 예전에 엄마가 만들던 카레와 다르게 토마토를 넣고부터는 감칠맛이 훨씬 강해졌다. 카레광인 오빠가 엄마가 놓고 가신 카레를 말도 없이 냉큼 다 비울 때면 얄밉지만 얼마나 맛있는지 알기에 엄마의 다음 카레를 묵묵히 기다렸다. 그런데 이렇게 간단히 만들 수 있다니! 이젠 기다리지 말고 직접 해 먹어봐야겠다.

닭가슴살 토마토 카레

녹두죽

평소에는 녹두를 먹을 일이 잘 없지요. 그나마 녹두전이 친숙하긴 하지만 제 입엔 녹두가 조금 텁텁해서 손이 자주 가진 않더라고요. 그런데 녹두가 몸 안에 쌓인 중금속을 배출하는 데 도움을 준다고 해서 일부러라도 찾아 먹으려고 노력합니다. 미세먼지가 심한 계절엔 일주일에 한 번 정도 먹어주면 좋겠지요?

기름에 튀긴 녹두전보다 속이 덜 부담스러운 녹두죽을 만들어보세요. 쌀밥 대신 식사 대용으로 먹기 좋습니다. 찹쌀을 조금 넣으니 식감도, 맛도 참 좋아요. 녹두는 다른 곡류에 비해 비싼 편이지만, 건강을 위해 한번에 많이 끓여서 냉장고에 넣어두면 3~4일 정도 먹을 수 있습니다.

재료

껍질 깐 녹두 … 1컵(160g)

찹쌀 … ⅓컵(60g)

물 … 1L

소금 … 1큰술

1 녹두와 찹쌀을 미지근한 물에 담가 1시간 정도 불립니다. 녹두는 껍질이 물에 씻겨 나갈 수 있도록 3~4번 정도 헹굽니다.

2 냄비에 녹두와 찹쌀, 물 800ml, 소금을 넣고 섞은 뒤 뚜껑을 덮고 강불에 3분 끓입니다. 팔팔 끓으면 중불로 줄여 10분 끓입니다. 끓이는 동안 1분 간격으로 뚜껑을 열고 주걱으로 저어줍니다.

자주 저어주어야 넘치거나 눌어붙지 않아요.

3 남은 물 200ml를 붓고 취향에 따라 소금을 가감하여 간을 맞춘 후 살살 젓습니다. 약불에 3분 더 끓여 완성합니다.

죽을 별로 좋아하지 않지만 녹두죽은 두유를 먹는 것처럼 고소해서 막상 한입 먹으면 술술 넘어간다. 무엇보다 다이어트가 필요할 때 포만감이 많이 들어 밥 대신 먹기 좋다. 엄마가 우리집에 녹두죽을 무서우리만큼 많이 해놓고 가는 날이면, 저녁 식사는 꼭 집에서 한다. 오늘 저녁은 사 먹지 말고 녹두죽을 먹으라는 소리이기 때문이다. 녹두죽에 물김치를 같이 먹으면 맛있으면서도 살이 하나도 찌지 않을 것 같은 만족감을 준다. 저녁을 대충 때우고 싶을 때 한 그릇 별미로 딱이다.

녹두죽

취나물 잡채

취나물은 봄이 제철인 채소로 특유의 알싸한 향과 맛이 매력적입니다. 겨울 추위를 이겨내고 봄에 나타나는 채소라 그런지 봄의 보약이라고 불릴 만큼 몸에 이로운 제철 재료이지요. 봄이 되면 취나물로 어떤 요리를 할까 고민하는데, 저는 취나물 잡채를 자주 만듭니다. 일반 잡채는 여러 재료를 준비해야 하고 손이 많이 가지만, 취나물 잡채는 한 가지 채소 재료로 만들 수 있기 때문에 간편합니다. 무엇보다 취나물로 만든 잡채는 향이 좋아서 봄이 되면 더 먹고 싶어요. 만물이 생동하는 봄에는 취나물과 같은 봄나물을 다양한 방식으로 즐겨보세요.

재료

취나물 … 2줌(150g)

당면 … 150g

물 … 200㎖

맛간장 … 4큰술

식용유 또는 올리브유
 … 1큰술

참기름 … 1큰술

들기름 … 1큰술

참깨 … 1큰술

설탕 … 1큰술

소금 … ½작은술

1 당면은 찬물에 담가 30분 정도 불립니다.

2 취나물은 끓는 물에 2분간 데친 뒤, 손으로 꼭 짜서 물기를 제거합니다.

3 **2**의 취나물을 3cm 길이로 썰어, 소금과 들기름을 넣고 무칩니다.

4 팬에 식용유, 참기름, 맛간장, 설탕을 넣고 섞은 뒤, **1**의 당면을 넣고 양념이 골고루 스며들도록 잘 저으며 중불에 2분간 볶습니다.

5 같은 팬에 **3**의 취나물을 넣고 중불에 2분간 더 볶으며 잘 섞은 뒤 참깨를 뿌려 완성합니다.

 엄마가 취나물 잡채를 처음 해주셨던 날이 기억난다. 이미 밥을 다 먹고 난 뒤라 배가 부른데도 한입만 먹어보라던 엄마의 권유에 못 이기는 척 한입 먹었는데 정말이지 봄을 배어 문 것 같은 맛이었다. 항상 좋은 재료를 가지고 원재료의 맛을 살려 맛있게 만들려는 엄마의 노력이 특별히 돋보이는 요리였다. 꼭 취나물이 아니더라도 계절에 맞는 제철 채소를 활용해본다면 사계절 내내 잡채를 다채롭게 즐길 수 있을 것 같다.

취나물 잡채

두부 된장짜글이

두부는 소비기한이 짧아 냉장고에 보관하더라도 빨리 먹어야 하지만 짭짤한 짜글이로 만들면 오래 두고 먹을 수 있습니다. 마치 식빵에 발라 먹는 잼처럼 두부 된장짜글이는 밥과 짝꿍이라서 이 요리는 주먹밥을 싸거나 흰쌀밥에 비벼 먹거나 쌈장 대신 쌈에 넣어 먹는 등 활용도가 높습니다.

저희 아들딸이 서울에 있고 제가 울산에 있을 때 자주 만들어 보냈던 요리인데요. 택배로 보내도 맛이 변하지 않으면서 냉장고에 넣어두고 한동안 먹어도 한결같이 맛있더라고요. 된장찌개가 지겨울 때 두부 된장짜글이를 만들어서 나물 반찬과 밥을 넣고 참기름을 한 바퀴 쓱 뿌려 비비면 최고의 비빔밥이 된답니다.

재료

찌개용 두부 … 1모(300g)

무 … 20g

감자 … 1개

쪽파 … 4~5대

청양고추 … 4개

멸치 육수 … 200ml

된장 … 1+½큰술

새우가루 … 1큰술

1 무는 0.2cm 두께로 얇게 썹니다.

2 쪽파는 3cm 길이로, 청양 고추는 잘게 썹니다.

3 두부와 감자는 가로세로 1.5cm 크기로 깍둑썰기 합 니다.

4 냄비에 멸치 육수를 담고 된장, 청양고추, 새우가루, 무, 감자를 넣어 약불에 10분 끓입니다.

5 육수가 어느 정도 졸아들 면 두부와 파를 넣고 강불에 2분 더 끓여 완성합니다.

이 음식이 그리울 때면 식당에서 강된장 비빔밥을 사 먹곤
했다. 하지만 두부를 넣어 덜 짜면서도 훨씬 부드러운 엄마
의 두부 된장짜글이 같은 맛은 찾기 힘들었다. 된장 반, 두
부 반으로 이루어진, 흰 두부가 가득한 두부 된장짜글이를
먹을 때마다 몸에 좋은 식물성 단백질을 잘 챙겨 먹길 바
라는 엄마의 마음이 느껴진다. 단백질이 필요할 때 고기를
굽는 대신 자글자글 끓여 먹기 좋은 요리다. 된장은 짠맛
이 강하기 때문에 취향에 따라 가감해서 넣으면 된다.

감자 우유죽

감자 우유죽은 아이들이 어릴 때 자주 해주던 음식입니다. 체하거나 몸 상태가 안 좋을 때 다른 채소에 비해 열량이 높고 포만감 있으면서 소화하기도 쉬운 음식을 주고 싶어서 만들게 된 죽이에요. 사업을 하느라 부쩍 바빠진 딸이 아침은 굶지 않았으면 해서 다시 만들기 시작했습니다. 아파서 입맛이 없을 때도 감자 우유죽을 먹으면 살살 힘을 내던 어린 시절의 모습을 떠올리면서요.

저는 젊을 적에 다이어트를 열심히 한다고 자주 굶어서 위장병이 생겼었습니다. 병이 나면 꼭 죽을 끓여 먹어서 죽 도사가 됐지요. 기운이 쏙 빠져 맥이 없을 땐 뜨끈한 감자 우유죽을 만들어 먹어보길 추천합니다.

재료

찹쌀 … 3큰술

쌀 … 2큰술

감자 … 2개

우유 … ½컵

물 … 4컵(800ml)

소금 … 1작은술

통깨 … 1작은술

1 쌀과 찹쌀을 씻어서 물에 30분 정도 불려둡니다.

2 감자 껍질을 벗겨 0.3cm 두께로 얇게 썰어둡니다.

3 냄비에 찹쌀과 쌀, 감자, 물 3컵을 넣고 뚜껑을 연 상태로 강불에 5분 끓인 후, 중불에 10분 더 끓입니다. 끓이는 동안 냄비 바닥에 눌어붙지 않도록 수시로 주걱으로 저어줍니다.

4 찹쌀과 쌀, 감자가 어느 정도 익어서 국물이 졸아들면 물 1컵과 우유를 넣고 중불에 3분 끓입니다. 소금으로 간을 하고 통깨를 뿌려 마무리합니다.

우유는 취향에 따라 더 추가해도 좋습니다.

**(딸)
하빈의
노트**

몸살로 고생하고 있을 때 엄마가 해두고 간 감자 우유죽을 먹었는데, 고소하면서 감자와 찹쌀이 씹히는 식감이 재밌어서 오물조물 씹다 보니 기운이 슬슬 돌아오기 시작했다. 그 후부터 아플 때면 감자 우유죽이 바로 생각난다. 아플 때마다 엄마가 해주셨던 음식이어서 몸이 기억하고 있나 보다. 감자와 찹쌀이 너무 많이 익으면 씹는 식감이 덜하니 적당히 익히고 불을 끄는 게 이 요리의 포인트다.

감자 우유죽

검은콩 쌀국수

영양이 뛰어난 검은콩은 밥을 지을 때 넣어 콩밥으로 먹는 것 외에는 즐길 방법이 그리 많지 않습니다. 이 국수는 검은 콩을 제대로 즐기기 위한 요리라고 할 수 있어요. 보통 음식 점에서는 검은콩으로 콩국수를 잘 만들지 않기 때문에, 집 에서 콩국수를 만든다면 검은콩을 사용해보기를 추천합니 다. 검은콩과 땅콩을 함께 갈아 넣으면 고소한 맛이 한층 깊 어지고, 밀가루 면보다 소화가 잘되는 쌀국수의 담백함과 만나 별미가 됩니다. 외식을 자주 하지 않는 우리 가족이 영 양도 챙기면서 기분 전환을 하고 싶을 때 자주 만들어 먹는 음식입니다.

재료

검은콩 … ½컵

달걀 … 2개

오이 … ½개

쌀국수 건면 … 1줌(240g)

볶은 땅콩 … 1큰술

아몬드 슬라이스 … 1작은술

통깨 … ½큰술

소금 … 1큰술

물 … 10컵(2L)

1 검은콩은 찬물에 5시간 이상 불립니다. 불린 검은콩을 냄비에 넣고, 콩이 잠길 만큼 물을 부어 강불에 끓입니다. 김이 오르면 불을 끄고, 뚜껑을 덮어 1분간 뜸을 들인 뒤 뚜껑을 열고 식힙니다.

2 1의 삶은 검은콩, 땅콩, 아몬드, 통깨, 소금 ½큰술, 물 2컵을 믹서에 넣고 2분간 곱게 갈아줍니다. 물 3컵을 추가해 1분 더 갈아주고, 필요하면 소금을 더 넣어 간을 맞춥니다.

3 냄비에 물을 넣고 끓으면 쌀국수 면을 넣어 5분간 삶습니다. 끓어오를 때 찬물을 조금씩 부어가며 삶으면 면발이 더욱 쫄깃해집니다. 삶은 국수는 찬물에 헹구고 체에 밭쳐 물기를 제거합니다.

4 다른 냄비에 달걀이 잠길 만큼 물을 붓고 중불에 11분간 삶습니다. 삶은 달걀은 껍데기를 벗기고 반으로 자릅니다.

5 오이는 얇게 채 썰어 고명으로 준비합니다.

6 그릇에 삶은 쌀국수 면을 담고 **2**의 콩물을 부은 뒤, **4**의 달걀과 **5**의 채 썬 오이를 고명으로 올려 마무리합니다.

(딸)
**하빈의
노트** 여름이면 식당에서 콩국수를 사 먹곤 하는데, 가끔 인공적
인 맛이 느껴질 때가 있다. 그럴 때면 엄마가 해준 검은콩
쌀국수가 그립다. 어느 날 저혈압에 검은콩이 좋다는 이야
기를 들은 후부터 엄마는 나에게 검은콩 쌀국수를 만들어
주기 시작했다. 여름이면 엄마가 갈아주신 콩물에 쌀국수
만 삶아서 뚝딱 만들어 먹으면 더위에 지친 허기가 사라지
는 느낌이 든다. 나도 시간과 정성을 들여 콩물을 직접 만
들어보는 때가 오기를.

검은콩 쌀국수

따끈한 밥만 있다면 충분한
밥도둑 밑반찬

깻잎찜

한국에서 깻잎은 어딜 가나 쉽게 구할 수 있지만 쌈을 싸 먹을 때가 아니면 먹을 일이 생각보다 별로 없지요. 쌈 재료로 산다 해도 종종 남기게 되더라고요. 매일 여덟 장씩 먹으면 피부에 좋다고 해서 어떻게 하면 깻잎을 매일 조금씩 먹을 수 있을까 고민하다가 만들게 된 반찬입니다. 깻잎찜은 간단히 완성할 수 있어 자주 해 먹기 좋은데 그날그날 바로 해서 먹으면 더 맛있답니다.

재료

깻잎 … 1줌(20~30장)

대파 … 1대

　또는 쪽파 …4~5대

멸치 … 10마리

청양고추 … 2개

다진 마늘 … 1큰술

고춧가루 … 2큰술

멸치 육수 … 150ml

맛간장 … 10큰술

1 파와 청양고추를 잘게 썰어둡니다.

2 멸치는 머리와 내장을 제거하고, 전자레인지에 20초 돌려 수분과 비린내를 제거한 뒤 잘게 썰어 다집니다.

3 깻잎은 흐르는 물에 씻고 체에 밭쳐 물기를 제거합니다.

4 그릇에 멸치 육수, 맛간장, 청양고추, 다진 파, 다진 마늘, 고춧가루를 넣고 잘 섞은 뒤 **2**의 멸치를 더해 고루 섞어서 양념장을 만듭니다.

5 냄비에 깻잎을 차곡차곡 쌓아 담습니다. 쌓아둔 깻잎 3~4장마다 양념장을 ½큰술씩 바릅니다.

6 뚜껑을 덮고 중불에 2분간 익히다가, 양념장이 바글바글 끓으면 뚜껑을 열고 깻잎을 뒤집어 다시 2분간 익힙니다.

**(딸)
하빈의
노트** 엄마가 레시피를 자주 변주해 만드는 반찬 중 하나가 바로 깻잎 요리다. 그중 깻잎찜은 입맛 없는 아침에도 밥 한 공기를 뚝딱 해치울 수 있는 최고의 반찬! 앞으로 친구들이랑 고기 구워 먹고 왕창 남은 깻잎은 버리지 말고 센스 있게 깻잎찜을 만들어 먹어야겠다.

황태껍질볶음

저는 육식을 좋아하지 않는 편이라 늘 고기 대신 먹기 좋은 다른 재료가 없을까 고민합니다. 그러다 우연히 황태껍질을 알게 되었어요. 저지방인 데다 단백질 함량도 높은데, 무엇보다 저를 놀라게 한 건 콜라겐 함량이었습니다. 황태껍질에 콜라겐이 많이 함유되어 있어 나이 들어서 푸석해진 피부에 너무 좋겠다 싶었죠. 시중에는 보통 튀각이나 부각처럼 튀긴 상태의 황태껍질이 많이 보이는데, 튀긴 음식을 오래 두고 먹으면 산패되어 몸에 좋지 않다고 합니다. 그래서 튀기는 방식이 아닌 삶아서 볶는 레시피로 생각해보았습니다.

재료

황태껍질 ··· 100g

식용유 또는 올리브유
 ··· 1+½큰술

맛간장 ··· 3큰술

물엿 ··· 1큰술

고춧가루 ··· 2큰술

참기름 ··· 1큰술

통깨 ··· ½큰술

1 황태 머리의 이빨을 비롯해 단단한 뼈와 지느러미, 꼬리 등을 제거하고 끓는 물에 넣어 1분간 데칩니다.

2 데친 황태껍질을 찬물에 2~3번 헹구고 꼭 짜서 물기를 제거한 뒤, 3cm 크기로 잘라둡니다.

3 팬에 식용유를 두르고 황태껍질을 2분간 강불에 볶으며 기름을 골고루 입힙니다.

4 **3**의 팬에 맛간장, 고춧가루, 참기름, 물엿을 넣고 중불에 2분간 볶습니다.

5 양념이 졸아들면 깨를 뿌리고 마무리합니다.

(딸)
하빈의
노트

엄마가 이 레시피를 생각해낸 시기에 나는 '황태껍질' 이야기를 귀에 박히도록 들었다. 물론 지금도 황태껍질에 대한 이야기는 줄어들지 않았다. 처음에는 초장에 찍어 먹으라고 삶은 황태껍질을 보내주셨는데 생각만큼 자주 꺼내 먹지 않게 되었다. 줄지 않는 것을 본 엄마가 반찬으로 마구 먹을 수 있게 다시 만들어주신 것이 바로 이 황태껍질볶음이다. 매콤하면서도 쫄깃한 식감 덕분에 고슬고슬한 밥과 찰떡궁합이다.

황태껍질볶음

황태채 고추장볶음

저에게 황태는 만능 재료라서 늘 황태를 활용한 새로운 레시피를 많이 연구하는 편입니다. 우리 가족에게 황태는 고기를 대체할 수 있는 재료이지요. 그 맛이 고기보다 더 특별해서 별미 요리로 만들어 먹기에도 좋은 재료랍니다. 황태채 고추장볶음은 매운 갈비찜을 대체하기 위해 만든 반찬입니다. 담백한 맛과 매콤한 맛이 어우러진 특별한 반찬이지요.

재료

황태채 … 50g

청양고추 … 1개

맛간장 … 3큰술

고추장 … 2큰술

물엿 … 1큰술

올리브유 … 1큰술

들기름 … 1큰술

통깨 … 1큰술

설탕 … ½큰술

1 황태채를 물에 씻은 뒤 꽉 짜서 물기를 제거하고 4cm 길이로 자릅니다.

2 청양고추는 세로로 길게 4등분한 뒤 잘게 다집니다.

3 팬에 들기름과 올리브유를 두르고 황태채, 청양고추를 넣어 중불에 2~3분 골고루 노릇하게 볶습니다.

4 **3**의 팬에 맛간장, 물엿, 설탕을 넣고 약불에 1분간 볶은 뒤 불을 끄고 고추장을 넣어 골고루 버무립니다. 마지막으로 통깨를 뿌려 완성합니다.

1년에 고기 먹는 날이 손에 꼽을 정도인 우리집은 황태가
고기 같은 존재다. 채소만 가득한 밥상이 왠지 아쉬울 때
엄마가 뚝딱 만들어주시는 반찬이 황태채 고추장볶음인
데, 슴슴한 맛의 음식들 사이에서 이 매콤한 맛이 입맛을
돋운다. 이제는 황태만 보면 황태의 효능과 맛을 예찬하는
엄마의 목소리가 들리는 듯한, 너무나 익숙한 음식이다.

황태채 고추장볶음

중멸치 고추장볶음

제가 가장 자주 사는 멸치는 중멸치입니다. 멸치가 너무 작으면 씹는 맛이 덜하고, 너무 크면 비린내가 많이 나서 주로 중멸치를 이용해 반찬을 만들지요. 중멸치 고추장볶음은 아이들이 어릴 때 도시락 반찬으로 자주 만들었는데, 지금도 저희 가족이 가장 자주 먹는 밑반찬 중 하나예요. 오래 두어도 맛이 쉽게 변하지 않고 금방 만들어 먹었을 때의 맛을 유지하는 반찬으로는 멸치볶음이 최고인 것 같습니다. 멸치볶음을 가득 만들어 냉장고에 넣어두면 너무 바빠서 요리할 시간이 없을 때 언제든 흰밥에 얹어 먹을 수 있으니 마음이 참 든든합니다.

재료

중멸치 … 100g

다진 마늘 … 1큰술

고추장 … 3큰술

맛간장 … 3큰술

물엿 … 1큰술

들기름 … 1큰술

참기름 … 1큰술

식용유 … 1큰술

통깨 … ½큰술

1 중멸치의 머리와 내장을 제거한 뒤, 전자레인지에 30초 돌려 비린내와 수분을 제거합니다.

2 중불로 예열한 팬에 식용유를 두르고 멸치를 넣어 약불에 2분 볶아줍니다.

3 볶은 멸치를 팬에서 덜어내 그릇에 따로 담아둡니다.

4 같은 팬에 고추장, 맛간장, 다진 마늘을 넣고 중불에 1분 볶습니다.

5 양념장을 충분히 볶은 다음, 물엿을 마지막에 넣고 고루 섞은 후 바로 불을 끕니다.

물엿을 미리 넣으면 탈 수 있으므로 마지막에 넣는 것이 좋습니다.

6 5의 팬에 3의 멸치를 넣고, 참기름과 들기름을 두른 뒤 양념이 잘 묻도록 나물 무치듯 섞어줍니다. 마지막으로 통깨를 뿌려 완성합니다.

**(딸)
하빈의
노트**　중멸치 고추장볶음은 진정한 밥도둑이다. 다른 멸치볶음은 비린내가 나서 별로 좋아하지 않지만, 엄마가 만든 멸치볶음은 멸치의 수분기를 쫙 빼서 비린내는커녕 시간이 갈수록 더 담백해진다. 딱히 메인 요리가 없는 날에도 냉장고에서 멸치볶음을 쏙 꺼내 밥 옆에 두고, 달걀프라이 하나 해서 같이 먹으면 어떤 밥상도 부럽지 않다. 이 반찬도 엄마 음식 중 가장 오래전부터 먹어온 것이라 내가 가장 좋아하는, 생각만 해도 또 먹고 싶은 반찬이다.

중멸치 고추장볶음

오징어 고추장볶음

오징어는 고기만큼 단백질 함량이 높은 고단백 재료입니다. 마른오징어는 염분이 많고 딱딱해서 자주 먹기 힘들고, 오징어를 삶아서 초장에 찍어 먹는 건 술안주로는 좋지만 밥반찬으로는 별로더라고요. 반찬으로 자주 가볍게 먹고 싶어서 짭조름한 오징어 고추장볶음을 만들어보았습니다. 오징어에 이미 수분이 많기 때문에 물 없이 익힌 뒤 프라이팬에 살짝 볶으면 짜지 않고 담백하니 맛있습니다. 저희 가족은 고기를 자주 먹지 않아서 늘 단백질을 어디서 챙길까 고심하는데, 해산물 중에서는 단백질이 많은 오징어를 선호합니다.

재료

오징어 … 2마리
　(중간 크기, 500g)
청양고추 … 2개
맛간장 … 5큰술
고추장 … 1큰술
참기름 … ½큰술
들기름 … ½큰술
설탕 … ½큰술
통깨 … 1큰술

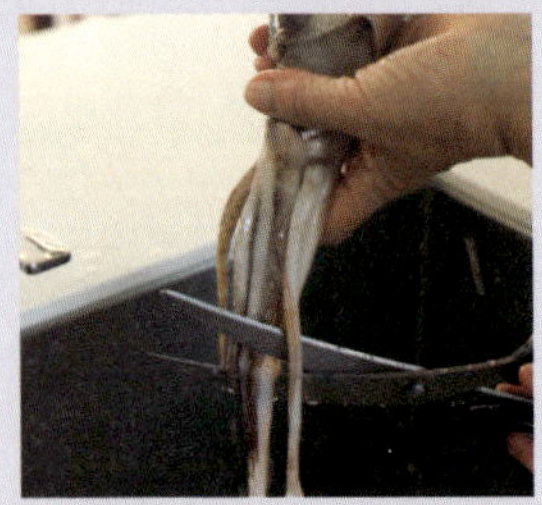

1 오징어의 눈과 내장을 제
거한 뒤, 가장 긴 다리의 끝
을 다른 다리 길이 정도로 잘
라냅니다.

가장 긴 다리를 남겨두면 지저분할
수 있으니 다른 오징어 다리와 길이
를 비슷하게 맞추는 것이 좋습니다.

2 냄비에 오징어를 넣고 뚜
껑을 덮은 뒤, 중불에서 물
없이 5분간 익힙니다.

오징어에서 수분이 충분히 나오므
로 따로 물을 넣을 필요가 없습니다.

3 익힌 오징어를 꺼내 몸통
과 다리를 4cm 길이로 썰어
둡니다.

4 청양고추는 잘게 썰어둡
니다.

5 냄비에 오징어, 청양고추,
맛간장, 들기름, 참기름을 넣
고, 간장이 거의 졸아들 때까
지 중불에 3분 볶습니다.

6 5에 고추장과 설탕을 넣
고 1분 더 볶아줍니다.

7 마지막으로 그릇에 담고
통깨를 뿌려 완성합니다.

（딸）
하빈의
노트

엄마는 진미채볶음 대신 오징어볶음 반찬을 자주 해주셨다. 나는 진미채를 좋아했지만 엄마는 가공된 맛이라며 진미채 반찬을 잘 해주지 않으셨다. 진짜 오징어의 맛을 느껴야 한다면서. 어릴 땐 식당에서 반찬으로 나오는 진미채의 자극적인 맛이 더 좋았지만 이제는 생물 오징어의 깊은 단맛과 참기름, 들기름의 고소한 맛의 조합이 훨씬 좋다. 고소함을 더하기 위해 식용유 대신 꼭 참기름과 들기름을 함께 섞은 맛나기름을 넣어보길 바란다.

오징어 고추장볶음

두부양념조림

두부는 그 자체만으로 고소하고 담백한 맛이 좋기 때문에 두부로 색다른 맛을 내기보다는 익숙한 양념으로 두부의 장점을 살리는 요리를 좋아합니다. 두부양념조림은 두부의 물기를 제거하고 굽는 과정까지 있어 조리 시간이 조금 더 걸리지만 딸이 가장 좋아하는 음식이라 식탁에 자주 올리는 반찬이랍니다.

두부양념조림에 밥 한 공기 먹으면 속이 편안한 든든함에 기분이 절로 좋아집니다. 두부의 원재료인 콩은 '밭에서 나는 소고기'라고 불릴 만큼 아미노산, 칼슘, 철분이 함유된 단백질 식품입니다. 건강 때문이 아니더라도 고기를 즐겨 먹지 않기 때문에, 두부 요리는 고기 대신 자주 찾는 음식이에요.

재료

부침용 두부 … 1모

물 … 2큰술

식용유 … 3큰술

대파 … 1대

맛간장 … 7큰술

참기름 … 1큰술

들기름 … 1큰술

고춧가루 … 1+½큰술

통깨 … ½큰술

1 두부는 1cm 두께로 썰고, 면보나 키친타월 위에 올려 물기를 제거합니다.

물기를 충분히 뺄수록 굽는 시간이 단축되고 식감이 쫄깃해집니다.

2 대파는 송송 썰어둡니다.

3 그릇에 맛간장, 고춧가루, 참기름과 들기름, 파, 통깨를 넣고 양념장을 만듭니다.

4 달군 팬에 식용유를 두르고 중불에 두부를 앞뒤로 노릇하게 굽습니다.

5 구워놓은 두부를 냄비에 깔고 **3**의 양념장을 골고루 올린 뒤 가장자리에 물을 넣어 중불에 3분 조립니다. 마지막으로 통깨를 조금 더 뿌려 마무리합니다.

물 대신 멸치 육수나 다시마 육수를 넣어도 좋습니다.

두부 요리는 어릴 때 엄마가 도시락 반찬으로 자주 싸주셨다. 그때는 내가 두부를 잘 먹지 않을까 봐 얇게 썰어 튀김처럼 바삭하게 굽고 고추장으로 양념해서 약간은 떡볶이 같은 맛이 났다. 친구들이 자주 싸오던 돈가스와 홀라당 바꿔 먹기도 했는데, 지금은 돈가스와 바꿀 수 없는 소중한 음식이다.

땅콩조림

딸이 저혈압이라 아침에 일어날 때마다 어지럼증 때문에 많이 힘들어 했어요. 그래서 어떻게 해야 혈압을 올릴 수 있을까 이리저리 찾아보니 저혈압에 땅콩이 좋다고 하더라고요. 땅콩은 오래 보관하면 눅눅해져서 산패되기 쉬우니 맛깔난 반찬으로 만들어보았습니다. 간을 짭조름하게 하면 밥 먹는 동안 몇 알이라도 집어 먹겠지 싶은 마음으로요. 뭐니 뭐니 해도 땅콩은 국산 땅콩이 제일 맛있습니다. 저혈압이 아니더라도 아침에 일어나기 유독 힘든 환절기나 겨울에는 꼭 한번 만들어보세요.

재료

생땅콩 … 1컵(130g)

물 … 2컵(400ml)

맛간장 … 5큰술

참기름 … ½큰술

들기름 … ½큰술

통깨 … 1큰술

1 땅콩을 깨끗한 물에 2~3번 씻어 헹굽니다. 냄비에 물을 넣고 끓어오르면 씻어둔 땅콩을 넣어 강불에 1분 삶은 뒤 건져둡니다.

2 냄비에 삶은 땅콩을 넣고 맛간장, 참기름, 들기름을 넣은 뒤 중불에서 양념이 거의 없어질 때까지 5분 정도 조립니다.

3 마지막으로 통깨를 뿌려 완성합니다.

**(딸)
하빈의
노트**   엄마가 땅콩과 아몬드를 유리병에 한가득 넣어 보내주셨는데, 시간이 지나도 줄어들지 않는 걸 보시고 그다음부터 땅콩조림을 보내기 시작했다. 이 반찬을 보면 다 큰 딸을 어떻게든 챙겨주고 싶어 하는 엄마의 노력이 감사하고 귀엽기도 해서 피식 웃음이 난다. 엄마 말대로 땅콩조림은 밥 한 그릇 뚝딱 해치우게 만드는 마법이 있다. 땅콩을 먹을 때마다 마치 혈압이 한 칸씩 올라가는 느낌이 드는 건 엄마의 세뇌교육 때문이겠지?

우엉연근조림

아들이 어릴 때 코피를 많이 흘려서 만들었던 반찬입니다. 뿌리채소인 우엉과 연근에는 철분과 타닌 성분이 들어 있어서 출혈을 멈추게 하는 데 도움을 준다고 합니다. 그래서 코피가 자주 나는 사람한테 참 좋은 재료이지요.

무엇보다 우엉과 연근은 얇게 썰어서 먹으면 식감이 좋아 어른뿐만 아니라 아이들도 좋아하는 반찬 중 하나입니다. 같은 뿌리채소이지만 연근은 아삭하고 우엉은 더 쫀득해서 이 둘을 같이 먹을 때 각 재료의 맛과 식감이 더 살아나지요. 보기에도 더 먹음직스러우니 함께 조리하는 걸 추천합니다.

재료

우엉 … 200g

연근 … 100g

맛간장 … 4큰술

들기름 … 2큰술

물엿 … ½큰술

통깨 … 1큰술

1 우엉은 껍질을 벗겨 가늘게 채 썰고, 연근은 껍질을 벗겨 0.3cm 두께로 썹니다. 썰어놓은 우엉과 연근을 소금물에 헹군 뒤 체에 밭쳐 물기를 제거합니다.

소금물은 연근과 우엉의 갈변을 막아주는 역할을 합니다.

2 중불로 예열한 팬에 들기름을 두르고, 우엉과 연근을 고루 펼친 뒤 중불에 3분간 달달 볶습니다.

3 볶은 우엉과 연근에 맛간장을 넣고, 중불에서 양념이 거의 없어질 때까지 뒤적이며 조립니다.

4 양념이 졸아들면 물엿과 통깨를 넣고 고루 섞어 마무리합니다.

이 반찬을 볼 때면 긴 우엉을 얇게 채 썰던 엄마의 모습이 떠오른다. 칼국수 면처럼 길게 썰어야 많이 먹는다는 것을 눈치챈 엄마의 우엉은 시간이 지날수록 더 길고 얇은 국수처럼 되었다. 우엉을 먼저 골라 밥 위에 가득 올려 한 숟갈 먹고, 다음에 연근을 집어 아삭아삭 씹어 먹는 걸 좋아한다. 우엉과 연근에서 나는 자연의 흙내음과 맛간장, 들기름이 만났을 때 소박하지만 대체할 수 없는 감칠맛이 있다.

우엉연근조림

꽈리고추 멸치볶음

꽈리고추는 홀로 있으면 매력이 잘 드러나지 않는 채소입니다. 짭쪼름한 멸치는 꽈리고추와 가장 잘 어울리는 짝꿍 재료라서 같이 볶으면 꽈리고추의 맛도 살아납니다. 멸치에는 짭짤함과 감칠맛이 많은데, 꽈리고추의 은은한 단맛과 매운맛이 멸치의 강한 맛을 중화시켜 같이 볶았을 때 서로의 맛을 더 보완해준다고 할까요.

꽈리고추는 금방 숨이 죽으니 갓 만들어 바로 먹으면 그 맛이 가장 촉촉하고 좋습니다. 입맛이 떨어진 날에는 살짝 매운 걸 먹으면 기운이 나는 편인데요. 매콤한 맛을 좋아하는 가족들을 위해, 입맛 없을 때 바로 볶아서 식탁에 올리는 반찬 중 하나입니다.

재료

꽈리고추 … 200g

볶음용 멸치 … 50g

맛간장 … 5큰술

식용유 … 1큰술

참기름 … ½큰술

들기름 … ½큰술

통깨 … 1큰술

1 꽈리고추는 씻어서 물기를 제거한 뒤 먹기 좋은 2~3cm 길이로 썹니다.

2 팬에 식용유를 두르고 꽈리고추를 넣어 중불에 1분 볶습니다.

3 멸치는 머리와 내장을 제거한 뒤, 전자레인지에 40초 정도 돌려 비린내와 수분을 제거합니다.

4 2의 팬에 맛간장을 넣고 중불에서 간장이 거의 졸아들 때까지 볶다가 멸치를 넣고 참기름과 들기름을 둘러 1분 더 볶습니다.

5 마지막으로 통깨를 뿌려 완성합니다.

꽈리고추는 매운맛과 순한맛이 있으니, 원하는 맵기에 맞게 골라 사용하세요.

매콤한 맛을 좋아하는 편이라 적당히 매운 꽈리고추를 특히 좋아한다. 수분이 많고 부드러운 꽈리고추를 볶으면 금세 숨이 죽어서 만들자마자 바로 먹어야 제일 맛있다. 엄마의 꽈리고추 반찬을 따라 해보려고 꽈리고추만 사서 같은 양념으로 만들어보았는데 그 맛이 나지 않았던 적이 있다. 아마도 멸치의 짭조름함이 없었기 때문일 것이다. 엄마가 냉장고에 이 반찬을 넣어두고 가시면 숨이 죽어버린 꽈리고추에 손이 잘 안 가게 되는데, 그럴 땐 팬에 밥이랑 꽈리고추 멸치볶음을 함께 넣어 살짝 볶아 먹는다. 엄마 말처럼 가장 맛있는 음식은 바로 해서 먹는 것이다.

꽈리고추 멸치볶음

가지나물과
애호박나물

가지가 눈에 좋다고 해서 텃밭에 심었는데 너무 많이 자라버린 적이 있습니다. 먹지 못하고 방치해둔 가지들이 금방 쭈글쭈글해졌어요. 버리려고 보니 너무 아까워서 그걸로 가지나물을 만들었는데 오히려 가지에 수분이 쫙 빠져서 더 맛있더라고요! 어쩌다 우연히 더 맛있게 만들어 먹는 비법을 알게 되었답니다.

가지처럼 수분이 날아가면 단맛이 더 강해진다는 힌트를 얻어 애호박나물도 자주 해 먹기 시작했습니다. 애호박도 흔한 채소라 요리에 두루 활용할 수 있지만 주로 나물로 많이 만들어 먹지요. 딸이 바빠서 피부가 푸석해 보이면 애호박나물을 해서 보내기도 해요. 가지와 애호박은 금방 물러질 수 있으니 냉장고에 너무 오래 보관해두지 말고, 오늘 뭐 먹을까 고민될 때 바로 사서 만들어보세요. 뜨거운 밥에 한가득 올려서 먹으면 참 맛있답니다.

재료

애호박 … 1개(300g)

가지 … 2개(작은 크기, 300g)

새우가루 … ½큰술

들기름 … 3큰술

소금 … 2작은술

깨소금 … 1큰술

1 애호박과 가지는 0.5cm 굵기로 채 썰어 준비합니다.

2 애호박과 가지에 각각 소금 1작은술씩 뿌리고 5분 정도 절입니다.

3 절인 애호박의 물기를 꼭 짜고 들기름 1+½큰술과 새우가루를 넣어 중불에 2~3분 볶아줍니다.

4 절인 가지의 물기를 꼭 짜낸 뒤, 들기름 1+½큰술을 더 넣고 중불에 5분 정도 볶아줍니다.

5 잘 볶은 가지나물과 애호박나물을 접시에 담고 깨소금을 뿌려 마무리합니다.

엄마는 거의 매번 가지나물과 애호박나물을 한 통에 담아 보내주신다. 보라색과 초록색이 어우러진 색도 보기에 예쁘지만, 서로 맛이 튀지 않고 비슷하면서도 다른 식감을 느낄 수 있어서 가장 좋아하는 채소 반찬 중 하나이다. 특히 이런 나물 반찬을 식당에서 먹기 힘든 이유는, 갓 해 먹지 않으면 금방 채소의 숨이 죽기 때문이다. 특히 집에서 만들어 먹을 때 그 어떤 반찬보다 맛있다. 바쁘지만 채소 반찬이 그리울 때 해 먹고 싶은 나물 반찬이다.

가지나물과 애호박나물

가지전

가지는 수분이 많아서 그냥 요리하면 흐물흐물하고 식감이 좋지 않습니다. 그런데 소금에 살짝 절여 수분을 빼고 요리하면 겉은 바삭하고 속은 촉촉하면서도 쫄깃한 식감이 살아납니다. 기름을 살짝 두르고 전을 부치면 고소한 향이 올라와 입맛을 확 돋워주고, 간도 잘 배서 따로 양념이 필요 없을 정도입니다. 가지를 잘 먹지 않는 사람도 가지전으로 부쳐주면 한입에 쏙쏙 집어 먹기 좋은 반찬이지요.

재료

가지 … 3개(작은 크기)

소금 … 1작은술

감자전분 … 1컵

달걀 … 2개

식용유 … 적당량

양념장 재료

진간장 … 1큰술

고춧가루 … ½큰술

식초 … 1큰술

통깨 … 1작은술

1 가지는 0.5cm 두께의 한 입 크기로 어슷하게 썹니다. 가지에 소금을 뿌리고 골고루 섞어 10분간 절입니다.

2 볼에 달걀을 깨트려 풉니다.

3 절인 가지를 키친타월에 올려 가볍게 누르면서 물기를 제거합니다. 가지에 감자 전분을 얇게 묻히고 달걀물을 입힙니다.

4 팬에 기름을 두르고 중불에서 가지를 노릇하게 앞뒤로 부쳐줍니다.

5 양념장 재료를 그릇에 넣고 골고루 섞어 양념장을 만듭니다.

6 **4**의 가지전을 접시에 담고 양념장을 곁들여 냅니다.

**(딸)
하빈의
노트** 가지를 좋아하는 엄마가 한옥에 사실 때 조그마한 가지 밭을 만들었다. 가지는 신기하게도 엄청 많이, 그리고 빨리 자랐다. 엄마는 그 많은 가지를 오래오래 먹으려고 한옥 대청마루에 가지를 길게 진열해놓고 말렸다. 한가득 널려 있는 가지를 보며 '가지와의 전쟁이다…!'라고 생각했는데, 그때 이후로 우리집 식탁에서 가지 반찬은 빠지지 않고 등장했다. 출출할 때 엄마는 가지전을 부쳐준다. 쉽게 만들 수 있는 데다 가지를 늘 쟁여놓는 엄마의 부지런함 덕분이다.

가지전

부추김무침

김은 주로 구워서 반찬으로 먹으니 따로 요리해서 먹기 힘든 재료입니다. 냉동실에 넣어두었다가 새카맣게 잊어버리는 경우도 있습니다. 심지어 구워 먹기에는 애매한, 질이 그다지 좋지 않은 김들이 냉장고에 가득 쌓일 때도 있지요. 묵은 김을 처리하려고 부추김무침을 만들기 시작했는데, 김을 좋아하는 딸이 게 눈 감추듯 해치우더군요. 그래서 즐겨 만드는 반찬이 되었습니다. 예전엔 파를 다져 넣었는데, 최근에 부추를 송송 썰어 넣으니 김 맛이 돋보여서 더 맛있더라고요. 흰쌀밥에 듬뿍 올려 먹을 수 있도록 짜지 않게 간을 해 만들어보세요.

재료

김밥 김 … 5장

부추 … 15g

다진 마늘 … ½큰술

맛간장 … 1큰술

들기름 … 2큰술

참기름 … 2큰술

깨소금 … 1큰술

1 들기름과 참기름을 고루 섞어 김의 앞뒷면에 모두 바른 뒤, 팬에 올려 앞뒤로 살짝 구워줍니다.

김은 즉석에서 바로 구워 요리하는 것이 가장 맛있습니다.

2 구운 김은 가로세로 2cm 크기가 되도록 손으로 부숩니다.

3 부추는 3cm 길이로 썰어 둡니다.

4 큰 그릇에 김과 부추를 담고 들기름 1큰술, 다진 마늘, 맛간장을 넣어 고루 섞어줍니다. 깨소금을 추가해 고소한 풍미를 더합니다.

자칭 '김 마니아'인 내가 마땅한 반찬이 없을 때 엄마에게 즉석에서 만들어 달라고 했던 반찬이다. 엄마의 부추김무침은 직접 짠 기름을 발라 구운 김으로 만들어 다른 데서는 맛보기 힘든 극강의 고소함이 있다. 부추김무침을 한 날에는 시간이 지나면 축축해져서 맛이 떨어질까 봐 일부러 저녁 약속을 안 잡을 정도로 이 반찬을 좋아한다. 부추김무침도 재료만 있으면 즉석에서 휘리릭 금방 만들 수 있어 자주 만들어 먹기 좋다.

부추김무침

배추무생채

무생채는 어릴 때부터 즐겨 먹었던 익숙한 반찬입니다. 무생채를 만들 때 노란 배춧잎을 함께 넣으니 단맛과 고소한 맛이 더해져 더 맛있더라고요. 그때부터 배추와 무를 같이 무쳐서 생채로 만들어 먹기 시작했어요. 아들을 임신했을 때 입덧이 너무 심해서 아무것도 먹을 수 없었는데, 배추무생채는 그나마 괜찮았어요. 저에겐 참 고마운 보약과 같은 음식입니다. 배추무생채는 된장찌개나 강된장과도 잘 어울려서 곁들여 먹으면 정말 맛있답니다.

재료

배추 속잎 … 5장

무 … ½개

쪽파 … 2대

 또는 대파 … ½대

다진 마늘 … 1큰술

고춧가루 … 1큰술

멸치액젓 … 1큰술

참기름 … 1큰술

식초 … ½큰술

설탕 … ½큰술

소금 … ½큰술

깨소금 … 1큰술

1 배추 속잎과 무를 깨끗이 씻어 길이 5~6cm, 두께 0.3cm로 가늘고 일정하게 채를 썹니다. 쪽파는 잘게 송송 썰어둡니다.

2 채 썬 배추 속잎과 무에 고 춧가루를 넣고 빨갛게 물들 때까지 살살 버무립니다.

3 2에 다진 마늘, 멸치액젓, 참기름, 식초, 설탕, 깨소금 을 넣고 골고루 버무립니다.

4 쪽파를 넣고 고루 섞은 뒤 취향에 따라 소금을 추가해 간을 맞춥니다.

(딸)
하빈의
노트

된장찌개를 좋아하는 나는 배추무생채만 있으면 된장찌개 국물에 밥과 쓱쓱 비벼 먹는다. 밖에서 밥을 사 먹다 보면 생배추와 무를 먹기 쉽지 않은데, 이 반찬 하나로 채소를 듬뿍 챙겨 먹는 느낌이 들어 좋다. 무엇보다 엄마가 어렸을 적부터 드셨다고 하니 우리집 반찬 중 가장 역사가 오래된 만큼 더 애정을 가지고 있다.

배추무생채

부추전

저는 전을 크게 부치는 것보다 한입 크기로 부치는 것을 더 선호합니다. 특히 부추전이야말로 작게 부쳐야 더 맛있게 먹기가 좋아요. 전을 작게 부치면 한입에 넣었을 때 식감을 온전히 느낄 수 있고, 크게 부치는 것보다 만들기도 쉬워서 실패할 확률이 줄어듭니다. 부추만 넣어도 깔끔하고 향긋한 맛이 일품이어서 전 중에 부추전을 제일 좋아해요. 게다가 다른 채소를 넣지 않고 부추 한 가지만 쓰면 밀가루를 많이 넣지 않아도 반죽과 재료가 잘 엉겨 붙기 때문에 밀가루 섭취를 줄일 수 있다는 장점도 있어요. 특별한 날에는 부추 전 위에 새우를 올려 부쳐보세요. 감칠맛을 더 느낄 수 있답니다.

재료

부추 … 1줌(150g)

달걀 … 1개

청양고추 … 3개

바지락 살 … 50g

물 … 200ml

부침가루 … 1컵(120g)

감자전분 … 2큰술

새우가루 … 1큰술

소금 … 2작은술

식용유 … 적당량

1 부추는 1.5cm 길이로 썰고, 청양고추와 바지락 살은 잘게 썰어 다집니다.

2 큰 그릇에 물, 부침가루, 감자전분, 새우가루, 청양고추, 바지락 살, 달걀, 소금을 넣고 덩어리가 생기지 않게 고루 섞습니다.

3 2에 부추를 넣고 골고루 섞습니다.

4 달군 팬에 식용유를 두르고 숟가락이나 작은 국자로 반죽을 떠서 한입 크기로 팬에 올립니다.

5 중불에 2분 정도 굽다가 노릇해지면 뒤집어서 2분 정도 더 구워 마무리합니다.

(딸)
하빈의
노트 '부추전' 하면 떠오르는 기억이 있다. 비가 억수같이 쏟아지던 날, "엄마, 뭐 먹을 거 없어?"라고 묻자 엄마는 곧장 "부추전 해줄까?" 하더니 말릴 새도 없이 부추를 뜯으러 뒷마당으로 나가셨다. 비에 젖은 엄마의 등과 부추 한 줌을 쥐고 있는 손을 보고 마음이 찡했던 기억이 아직도 선명하다. 비가 오나 눈이 오나 항상 맛있는 음식을 해주고 싶은 엄마의 마음. 부추전은 언제 먹어도 온기 가득한 맛이 난다. 비가 오는 날이면 엄마가 알려준 대로 부추전을 만들 때 다진 생새우를 한 숟갈 올려 구우면 별거 아닌 날도 근사한 기분으로 마무리할 수 있다.

부추전

애기느타리버섯전

애기느타리버섯은 그 자체로 볶거나 구워 먹어도 맛있고, 잘게 썰어서 동그랑땡처럼 만들어 먹어도 참 맛있습니다. 얼마 전 친구가 놀러와서 애기느타리버섯전을 해줬는데 "고기 넣었어?"라고 묻더라고요. 평소 채소를 잘 즐기지 않는 사람도 맛있게 먹을 수 있는 요리입니다. 게다가 냉장고에 남은 채소를 잘게 썰어 넣어도 되니 자투리 재료 활용 면에서도 일석이조인 셈이지요. 기름진 음식이 당길 때 버섯전을 만들어보세요. 잠깐만 시간 내면 뚝딱 만들 수 있어요.

재료

애기느타리버섯 … 1팩
　(200~300g)
소금 … 1작은술
달걀 … 2개
감자전분 … 3큰술
청양고추 … 1개
양파 … ¼개
식용유 … 적당량

양념장 재료

진간장 … 1큰술
고춧가루 … ½큰술
식초 … 1큰술
통깨 … 1작은술

1 애기느타리버섯, 청양고추, 양파를 다지듯 잘게 썰어 준비합니다.

쪽파가 있다면 잘게 썰어 함께 넣어도 좋습니다.

2 썰어둔 재료에 감자전분, 소금, 달걀을 넣고 고루 섞어 버섯전 반죽을 만듭니다.

버섯은 수분이 많아서 전을 만들 때 따로 물을 넣을 필요가 없습니다.

3 중불로 달군 팬에 식용유를 두르고, 반죽을 동그랗게 한입 크기로 떠서 팬 위에 올립니다. 앞뒤로 노릇하게 구워냅니다.

4 양념장 재료를 그릇에 넣고 골고루 섞어 양념장을 만듭니다.

5 구운 버섯전을 접시에 담고 준비한 양념장을 함께 냅니다.

버섯전은 엄마가 가장 자주 만드는 전이다. 고기를 즐겨 먹지 않는 우리 가족에게 버섯은 고기 맛을 내는 명목으로 자주 활용하는 식재료다. 엄마는 애기느타리버섯전을 만들 때마다 나에게 "고기 맛이 나지?"라고 묻곤 하는데, 고기 맛을 잘 모르는 엄마에게 '고기 맛이 난다.'는 말의 의미가 늘 고급스러움을 뜻한다는 것이 웃기다. 정말 고기 맛이 난다고 끄덕이면 신나서 전을 더 구워주신다. 그런 엄마를 닮아서일까, 나도 주변 사람들에게 버섯에서 고기 맛이 나니 자주 먹으라고 말하고 다닌다.

우엉구이

뿌리채소인 우엉은 땅의 에너지를 담고 있어 면역력에도 좋고 노폐물 배출에도 도움이 되는 재료입니다. 우엉은 늘 조림으로만 해 먹다 보니, 다른 요리가 잘 생각이 안 나더라고요. 그래서 새로운 방법을 찾아보다가 고소하고 짭짤하게 구워봤는데 너무 맛있었어요. '금자씨 부엌' 팝업 레스토랑을 할 때도 많은 사람들이 만드는 법 좀 알려달라고 요청했던 음식입니다. 아주 간단해서, 딸도 종종 해 먹고 있다는 말에 뿌듯한 마음이 들기도 합니다.

재료

우엉 … 150g

은행가루 또는 마가루 … 1컵

식용유 … 5큰술

양념장 재료

어간장 … 2큰술

다진 마늘 … ½큰술

물 … 1큰술

참기름 … 1큰술

통깨 … ½큰술

1 우엉은 깨끗이 씻어 껍질을 벗겨냅니다. 5cm 길이로 토막을 낸 뒤 0.3cm 두께로 얇게 썰어줍니다.

2 1의 우엉에 은행가루나 마가루를 앞뒤로 묻히고, 중불로 달군 팬에 식용유를 살짝 둘러 노릇노릇하게 굽습니다.

3 양념장 재료를 그릇에 넣고 골고루 섞어 양념장을 만듭니다.

4 2의 구운 우엉을 접시에 담고, 미리 만들어둔 양념장을 살살 끼얹듯 뿌려줍니다.

**(딸)
하빈의
노트**　우엉은 어린이들이 좋아할 만한 식재료가 아닌데도, 우리 엄마의 우엉조림은 달랐다. 단단한 식감에 간장의 짭조름함과 참기름의 고소함이 어우러진, 밥상에 올라오면 늘 반가운 반찬이었다. 엄마와 '금자씨 부엌'이라는 팝업 레스토랑을 함께 준비하면서 새롭게 맛본 우엉구이는 잊지 못할 맛이었다. 원재료의 맛에 바삭한 식감이 더해지니 달짝지근하고, 고소하고, 짭조름한 여러 맛이 동시에 느껴져 진정한 밥도둑이다. 예쁘게 구워서 넓은 접시에 담아내면 제법 근사한 요리로 손색이 없다.

5장

한 끼 식사를 완성하는
건강한 후식

돌나물사과주스

봄을 가장 먼저 알리는 채소가 바로 돌나물입니다. 돌나물은 한겨울 추위를 이기고 땅을 뚫고 올라오는 채소라 영양가나 에너지가 좋을 수밖에 없습니다. 돌나물은 봄 한 철에만 나오기 때문에 3월이 되면 놓치지 말고 꼭 사서 반찬으로도 해 먹고 주스로도 만들어보세요. 초록빛 주스는 보기만 해도 건강한 에너지를 마시는 느낌이 듭니다. 저는 우리 아들딸들이 돌에서도 자랄 만큼 강한 돌나물을 먹고 힘냈으면 하는 마음으로 만든답니다.

재료

돌나물 … 4줌(400g)

사과 … 1개(200g)

물 … 100ml

매실청 … 200ml

1 사과는 베이킹소다로 문질러 겉면을 깨끗이 씻은 뒤 믹서에 갈기 좋은 크기로 썰어 둡니다.

2 믹서에 돌나물, 사과, 물, 매실청을 넣고 30초 정도 갑니다. 유리잔에 담아내고 남은 주스는 냉장고에 보관합니다.

**(딸)
하빈의
노트**

겨울에도 가끔 돌나물사과주스를 먹곤 한다. 엄마의 냉동
고에는 봄에 저장해둔 돌나물이 있기 때문이다. 봄이 되면
본가 텃밭에서 엄마가 심은 돌나물을 볼 수 있는데 그때마
다 돌나물의 번식력에 놀란다. 일이 힘들 때면 어떤 환경에
서도 잘 자라나는 돌나물을 떠올린다. 나에게 돌나물사과
주스는 '파이팅'의 상징이다. 3월에 꼭 돌나물을 잔뜩 사서
냉동실에 얼려두자. 그러면 사계절 내내 파이팅이 넘치는
돌나물사과주스를 즐길 수 있다!

돌나물사과주스

금자씨 레시피

대추생강차

대추생강차는 겨울에는 따뜻하게, 여름에는 시원하게 즐길 수 있는 음료입니다. 따뜻한 대추차 한 잔이면 잠이 오지 않는 밤도 걱정 없습니다. 대추는 천연 수면제라고 알려져 있을 만큼 숙면에 도움을 주기 때문입니다. 생강을 함께 넣어 먹으면 몸이 따뜻해져서 겨울에 특히 좋습니다. 이런 이유로 대추생강차는 대부분 가을과 겨울에 많이 먹지만 여름에는 냉장고에 넣어두고 차갑게 즐겨도 좋습니다. 불면증에 고마운 음료이자 건강한 후식으로도 제격이지요.

재료

대추 … 250g(20~30알)

생강 … 30g

물 … 2L

흑설탕 … 1큰술

1 깊은 냄비에 대추, 생강, 물을 넣고 약불에 1시간 동안 천천히 달입니다.

2 달인 대추와 생강을 체에 밭쳐 거르고, 즙을 따로 받아둡니다.

3 체에 남은 대추와 생강을 주걱으로 꾹꾹 눌러 즙을 최대한 짜냅니다.

4 대추와 생강을 달인 물에 설탕을 넣고 약불에 5분 정도 잘 저어 녹인 뒤 완성합니다. 취향에 따라 설탕의 양을 조절합니다.

남은 차는 밀폐 용기에 담아 냉장 보관하며, 5일 이내에 마시는 것이 가장 좋습니다.

★ 완성된 차를 식힌 뒤 얼음 틀에 부어 꽁꽁 얼려놓으면 믹서에 갈아 셔벗으로 즐길 수 있습니다. 이때 조금씩 갈면서 얼음 알갱이를 어느 정도 살리는 것이 포인트입니다.

대추생강차를 마시면 감기를 예방하는 기분이 들어 카페에서 보이면 가끔 사 먹기도 한다. 어릴 때 추위를 많이 타던 나를 위해, 엄마는 겨울이면 집 안 가득 대추생강차 냄새가 퍼지도록 대추를 달이곤 했다. 오랜 시간 달여야 완성되는 걸 알기에, 대추생강차를 마실 때면 그만큼 엄마의 정성이 깊이 느껴진다. 뜨끈한 대추생강차도 좋지만, 더위에 지치는 여름엔 셔벗으로 만들어 먹어도 좋다.

단호박생강차

단호박은 종합 비타민과 다름없는 재료입니다. 단호박이 혈액순환에 도움이 된다고 하니, 단호박생강차를 자주 만들어 마시게 됩니다. 식후에 한 잔씩 마시면 부기를 가라앉히는 데도 도움이 되고 더불어 피부 미용에도 좋아요. 단호박은 시간이 지나면 누린내가 날 수 있어서 생강가루를 넣어봤는데, 냄새 제거는 물론이고 담백하고 깔끔한 맛이 일품이더라고요. 커피 대신 단호박생강차를 매일 루틴처럼 마시면 좋습니다. 긴장한 몸이 이완되고 혈액순환에도 좋은 매일의 음료가 될 거예요.

재료

단호박 … ½~1개

생강가루 … 1큰술

물 … 1.2L

흑설탕 … 5큰술

1 단호박을 전자레인지에 2분 정도 돌린 뒤 감자칼로 껍질을 벗기고 숟가락을 이용해 씨를 제거합니다.

2 손질한 단호박을 1~2cm 두께로 납작하게 썰어둡니다.

3 냄비에 **2**의 단호박, 생강 가루, 설탕, 물을 넣고 약불에 30분 끓입니다.

4 **3**을 식힌 뒤 믹서에 모두 넣고 30초간 곱게 갑니다.

남은 차는 밀폐 용기에 담아 냉장 보관하며, 5일 이내에 먹는 것이 좋습니다.

**(딸)
하빈의
노트** 가공 음료를 사 먹는 걸 싫어하는 엄마가 가족들을 위해 자주 만들어주신 음료다. 우리 가족은 인위적인 단맛을 좋아하지 않는데, 단호박의 단맛을 십분 활용한 단호박생강차는 건강한 단맛이 매력적이다. 여름에는 얼려서 셔벗처럼 만들어 먹고, 겨울엔 따뜻하게 차로 마실 수 있어서 사계절 음료로 즐길 수 있다. 단호박이 있다면 당장 만들어보길 추천한다.

단호박생강차

금자씨 레시피

방울토마토 사과주스

토마토가 항산화에 도움이 된다는 이야기를 듣고 매일 먹기 시작했습니다. "토마토가 빨갛게 익으면 의사 얼굴이 파랗게 된다."는 속담이 있을 정도로 토마토는 건강에 좋은 것으로 유명하지요. 토마토의 싱그러운 맛에 단맛을 더하기 위해 사과와 매실청을 넣었습니다. 기분 좋은 단맛을 입안 가득 느낄 수 있을 거예요.

재료

방울토마토 … 30알

　또는 토마토 … 5개

사과 … 1개

매실청 … 200ml

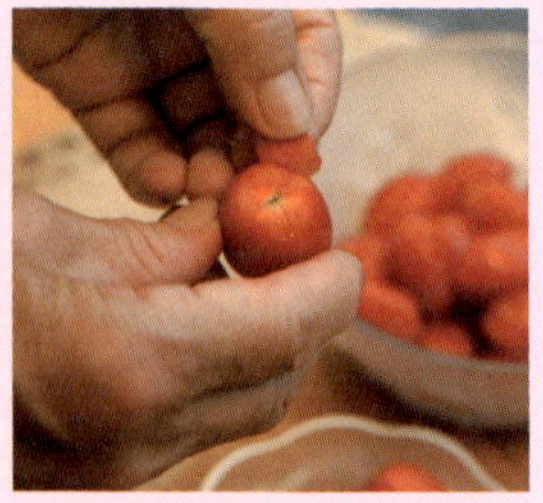

1 방울토마토는 꼭지를 제거하고 십자로 칼집을 냅니다.

일반 토마토를 사용해도 좋아요.

2 사과는 베이킹소다로 문질러 깨끗하게 씻고 믹서에 갈기 좋도록 1cm 두께로 썹니다.

3 끓는 물에 **1**의 방울토마토를 넣고 칼집 낸 부분의 껍질이 살짝 벌어지면 건져서 식힌 뒤 껍질을 전부 벗깁니다.

4 믹서에 방울토마토, 사과, 매실청, 물을 넣고 1분간 갈아 완성합니다.

남은 주스는 밀폐 용기에 담아 냉장 보관하며, 2일 이내에 먹는 것이 가장 좋습니다.

 가끔 방울토마토 사과주스를 한 병씩 보내주시던 엄마가 최근에는 박스에 주스 병을 한가득 담아 보내주셨다. 매일 토마토를 갈아 먹고 건강이 좋아진 것을 몸소 체험한 엄마는 황태껍질에 이어 토마토 신봉자가 된 것이다. 지금도 냉장고를 열어 엄마가 만들어준 주스를 꺼내 먹는다. 껍질을 벗기고 열심히 믹서에 갈았을 엄마의 고생을 생각하면서. 엄마가 주신 것들을 다 먹고 나면 방울토마토 한 박스를 사서 직접 만들어볼 테다.

방울토마토 사과주스

배숙

배숙은 겨울에 먹기 좋은 차입니다. 옛날에는 궁중이나 양반가에서 주로 먹던 음식이었기에 누구나 쉽게 접할 수 있는 차는 아니었어요. 제가 어릴 때만 해도 배가 하도 비싸서 어릴 때는 먹을 엄두도 못 냈었죠. 이젠 배를 쉽게 구할 수 있어 얼마나 좋은지 몰라요. 맛이 고급스럽고 빛깔도 예쁜 배숙은 손님 대접할 때 내기 좋습니다.

재료

배 … 1개

생강 … 4쪽

대추 … 5알

물 … 1.6L

꿀 … 3큰술

1 배는 껍질을 깎고 반으로 잘라 씨와 꼭지를 제거하고 0.5cm 두께로 썹니다.

2 생강은 얇게 편으로 썹니다.

3 깊은 냄비에 배, 대추, 생강, 물을 넣고 중불에 30분간 끓입니다.

4 체에 밭쳐 건더기를 거르고, 즙은 따로 받아둡니다. 국자로 꾹꾹 눌러 즙을 최대한 짜냅니다.

5 걸러낸 즙에 꿀을 넣고 고루 섞어 완성합니다.

남은 차는 밀폐 용기에 담아 냉장 보관하며, 2일 이내에 먹는 것이 가장 좋습니다.

추운 겨울에 밥을 먹고 나면 엄마는 항상 배숙을 따끈하게 데워주셨다. 요즘은 전통찻집에서 간혹 팔기도 하는데, 배숙은 어떤 과일차보다 달달하고 맛있다. 특히 생리통이 심한 날, 배숙을 따뜻하게 데워서 호록호록 마시면 속이 따뜻해지면서 통증이 가라앉는 느낌이 든다. 당이 필요할 때에는 꿀을 좀 더 넣어 먹으면 좋다.

배숙

방울토마토 매실청절임

매실청도 먹고 토마토도 먹는 방법이 없을까 해서 입가심 후식으로 만들었는데, 이걸 먹으면 새콤한 맛에 피로도 확 풀려 자신 있게 소개합니다. 피곤할 때 방울토마토를 믹서에 갈아 주스로 마시곤 했는데, 토마토는 살짝 데쳐 먹으면 몸에 좋은 성분인 라이코펜을 더 많이 섭취할 수 있어서 좋다고 하더라고요. 그래서 살짝 데친 뒤 매실청에 절여보았습니다. 토마토주스보다 더 오래 저장해두고 먹을 수 있어요. 저는 비타민 알약 대신 식후에 방울토마토 매실청절임을 한두 알씩 집어 먹습니다. 영양제도 좋지만 음식에서 영양소를 직접 섭취할 때 몸이 더 반가워하는 느낌이 들기 때문이지요.

재료

방울토마토 … 30알(200g)

매실청 … 1컵(200ml)

1 방울토마토는 깨끗이 씻어 꼭지를 제거한 뒤 십자 모양으로 칼집을 냅니다. 끓는 물에 넣고 1분간 데칩니다.

2 데친 방울토마토의 껍질을 벗긴 뒤 체에 밭쳐 물기를 제거합니다.

3 그릇에 방울토마토를 담고 방울토마토가 잠길 만큼 매실청을 붓습니다. 유리병에 옮겨 담아 냉장고에 넣어 두고 하루 동안 절입니다.

어렸을 적 엄마가 방울토마토 매실청절임을 만들 때 옆에서 자주 도왔다. 데친 방울토마토의 껍질을 일일이 벗겨서 대량으로 만들어놓는 게 얼마나 수고스러운 일인지…. 직접 경험한 뒤로는 방울토마토 한 알도 꼭꼭 씹어 먹는다. 늦은 저녁, 배가 고프거나 출출할 때 야금야금 꺼내 먹기도 하고, 와인을 마실 때 좋은 안주가 되기도 한다.

방울토마토 매실청절임

'금자씨 부엌'은 엄마의 평범하지만 정성 가득한 집밥이 누군가에게 위로가 될 수 있다는 생각에서 출발했습니다. 2019년 8월부터 2020년 8월까지 홍제동 골목의 작은 공간에서 예약제로 운영된 금자씨의 원 테이블 팝업 레스토랑은 매달 예약이 오픈될 때마다 5분도 채 되지 않아 마감될 만큼 많은 사랑을 받았습니다. 양평 텃밭에서 수확해온 신선한 제철 재료와 직접 담근 장, 갓 짜낸 기름으로 완성한 요리는 음식으로 전해진 엄마의 사랑이었습니다. 금자씨의 요리를 맛본 사람들이 직접 남긴 후기를 소개합니다.

"음식이 담겨져 있는 모습이 너무 정갈하고, 먹으면 건강해질 것 같은 느낌이 가득가득 드는데요. 메뉴는 계절에 따라 바뀌며, 정말 한 분 한 분을 위해 정성스럽게 음식을 만들어 주신다는 느낌을 강하게 받았습니다."

작성자 동화스런
(**https://blog.naver.com/eileen__02/221820215442**)

"맛있다는 말을 먹으면서 연신 외쳤다. 어렸을 때는 이런 음식에 관심이 없었고 집에서 언제든지 먹을 수 있는 음식이라고 생각했는데, 직장생활을 하고 밖에서 음식을 사 먹는 시간들이 많아지면서 이런 음식들이 얼마나 귀한지 새삼 느끼고 있다."
작성자 포슬
(https://blog.naver.com/sevlhvi/222077655765)

"건강식, 제철 재료, 집밥, 정말이지 요즘 핫하고 트렌디한 요소는 다 갖췄지만, 이곳은 우후죽순 트렌드를 따라 생겨나, 트렌드와 함께 질, 그저 그런 레스토랑이 아니다. 이곳의 주제인 정성을 담은 건강한 음식은 웰빙 유행을 반영한 게 아니라 사장님이 지금껏 고수해오신 인생철학이라는 걸 반찬 하나하나에서, 그리고 각 음식에 대해 설명하시는 사장님의 얼굴에서 엿볼 수 있기 때문이다."
작성자 꼭꼭 씹어먹는 쏜쏜
(https://blog.naver.com/soheejjang95/221937452032)

"집밥에 진심이신 어머님이 퍼주는 사랑을 이기지 못해 금자씨 부엌을 내셨다. … 절로 엄마가 생각난다. 울 엄마는 누구에게 뜨순 밥을 차려주고 계실라나…."
작성자 박재아 islomaniac
(https://blog.naver.com/daisyparkkorea/222680872733)

'금자씨 부엌'을 다녀간 손님들의 후기

딸에게 주고 싶은
금자씨 레시피

사 먹는 밥이 지겨울 때 찾아보는
엄마의 요리 수첩

1판 1쇄 찍음 2026년 4월 13일
1판 1쇄 펴냄 2026년 4월 20일

지은이 장금자 손하빈

편집 신귀영 길은수 김지향 최서영
디자인 김낙훈
사진 촬영 루시 우디 용복
사진 보정 장승환
미술 한나은 김혜수 이미화
마케팅 정대용 허진호 김채훈 홍수현 이지원 이지혜 이호정
홍보 이시윤 김유경
저작권 남유선 한문숙 전은서 이지민
제작 임지헌 김한수 임수아 권순택
관리 박경희 김지현 박성민

펴낸이 박상준
펴낸곳 세미콜론
출판등록 1997. 3. 24. (제16-1444호)
06027 서울특별시 강남구 도산대로1길 62
대표전화 515-2000   편집부 517-4263
팩시밀리 515-2007   팩시밀리 515-2329

ISBN 979-11-24336-51-9 13590

세미콜론은 민음사 출판그룹의
만화·예술·라이프스타일 브랜드입니다.
www.semicolon.co.kr

Next page, Better me
다음 장엔 더 괜찮은 내가 있어

엑스 semicolon_books
인스타그램 semicolon.books
페이스북 SemicolonBooks